일본에서 일하면 어때?

일본에서 일하면 어때?

어때?

본격 일본 직장인 라이프 에세이

모모 고나현 스하루 허니비 순두부

세나북스

일본에서 일한다는 것, 그 치열함에 대하여

일본에서 일하며 사는 이야기는 무척 흥미롭습니다.

〈일본에서 일하며 산다는 것〉이 2018년 6월에 출간되어 일본에서의 아르바이트와 직장 생활 이야기로 많은 관심과 사랑을 받았습니다. 2021년 6월에는 〈한 번쯤 일본 워킹홀리데이〉가 출간되어 일본을 알고 싶고 즐기고 싶은 사람들에게 이상적인 일본 경험 이야기를 들려주었습니다.

이번 이야기는 좀 더 일에 집중했습니다. 다섯 작가님 중 네 분은 10년 가까이 일본에서 공부하고 일했습니다. 일본에서 아르바이트하고 직장에 다니며 살아가는 이야기가 다채롭게 펼쳐집니다.

단순히 일본에서 일한 이야기라기보다는 일본에서 하고 싶은 일, 잘하고 싶은 일, 잘하는 일을 하며 일상의 행복도 누린 소중하고 치열하며 아름다운 시간의 기록이라고 감히 말하고 싶습니다. 누군가의 최선을 다하는 모습은 보는 사람들에게 깊은 감동과 울림을 줍니다. 작가님들의 일본 생활이 그렇습니다.

　우리의 직장 생활, 일상이 그러하듯 즐거운 일만 있을 수는 없습니다. 더군다나 언어도 문화도 다른 타국에서 일하고 생활하기는 생각보다 쉽지 않습니다. 일하다가 상처받고 눈물 쏙 빠지게 힘든 하루를 보내기도 합니다.

　특히 신입 사원 시절 작가님들의 이야기를 읽으며 가슴 한편이 저려오기도 합니다. 하지만 이 모든 어려움을 감수할 수 있는 건 자신이 선택한 길이기 때문입니다. 일본에서의 힘들었던 날도 미래의 멋진 나, 되고 싶은 나를 위한 밑거름이었음을 시간이 지나 깨닫게 됩니다. 그리고 이제 작가님들은 모두 꿈을 이루신 듯합니다.

　일본에 워킹홀리데이로 가서 도토루에서 아르바이트하며 번역가의 꿈도 키운 고나현 작가님은 지금은 자신의 확고한 분야를 가진 7년 차 베테랑 번역가이십니다. 직장인은 나에게 맞지 않다고 생각했지만 지금은 일본 기업의 10년 차 중견 사원이 된 멋진 모모 작가님, 블랙 기업에서 신입 시절을 보 냈지만 자기 능력을 최대치로 끌어올려 지금은 IT 엔지니어 로 일본에서 잘나가시는 스하루 작가님, 유학으로 박사과정 까지 하고 일본 제조업에서 6년째 연구원으로 멋지게 일하시 는 허니비 작가님, 일본에 워킹홀리데이로 가서 지금은 외국 계 IT 기업에서 훌륭한 스펙을 만들고 있는 앞으로가 더 기대 되는 순두부 작가님. 작가님들의 다양한 경험만큼 다채롭고 신선한 일본에서 일하며 살아가기 이야기를 이 책은 생생하 게 전해줍니다.

회사에 다니며 코로나를 겪은 이야기도 빼놓을 수 없습니 다. 코로나가 새로운 기회가 되기도 하고 코로나로 인한 재 택근무가 삶의 질을 높여주었다는 이야기도 인상적이었습니 다. 한국의 상황과 비교해보는 재미도 있습니다.

일본에서 일한 이야기와 함께 왜 일본에서 살고 있는지에 관한 이야기, 그리고 일본에서 살면서 필요하다고 생각한 것 들, 도쿄 근교 추천 여행지, 도쿄에서 좋아하는 공간에 관한 작가님들의 꿀팁도 알려줍니다.

글이 실제 일어난 일을 어느 정도 그려내고 표현할 수 있을까 생각해 봅니다. 저는 글만 읽어도 아, 일본에서 최선을 다해 일하고 산다는 것이 이런 거구나! 하고 가슴이 두근거립니다. 나는 한국이라는 이 편안한 공간에서 최선을 다하고 있나? 라는 반성을 하게 됩니다. 작가님들의 실제 경험과 일하며 생활하며 느낀 즐거움과 슬픔 등의 감정은 제 상상치를 열 배도 더 초월할 것입니다.

이런 경험을 한 작가님들이 부럽기도 하고 진심으로 감사도 드리고 싶습니다. 이 글을 읽는 내내, 마치 제가 일본에서 일하고 있는 듯했습니다.

이제 독자님들이 이 멋진 다섯 작가님이 일본에서 어떤 활약을 하셨는지 자세히 들여다볼 차례입니다. 두근거릴 준비, 되셨나요?

편집자 최수진 드림

CONTENTS

내 꿈의 무대
일본

모모

도쿄 & 규슈
2009.3 ~ (현재)

이것저것 다 해 보고 싶은 다취미(多趣味)에 잡학 다식한 인간이다. 고등학교 시절 내내 실용음악과를 준비하다가 돌연 사회학에 관심이 생겨서 도시계획학과에 진학했다. 학과 수석으로 졸업했지만 전공 관련 업계로의 취직은 처참하게 실패했다. 다양한 경험을 하고 오겠다며 떠난 일본에서 경영학 대학원에 다니며 한국어 강사, 기업 관련 통역·번역, 공연 스태프, 라디오 방송 진행, NPO(비영리 단체) 활동 등의 일을 했다.
더욱더 다양한 공부와 경험을 할 수 있는 직업을 찾다가, 2~3년마다 업무 로테이션을 하는 일본 기업의 종합직으로 입사한 지 십 년째다. 총무-재무-영업-기획-구매 업무를 거쳐서 해외 사업과 관련된 일을 하고 있으며, 최근에 그룹 회사 내 최초의 한국인 관리직이 되었다.
전문성이 없어서, 이렇다 할 경력이 없어서 고민하는 사람들을 위해 틈틈이 일본 취업과 도쿄의 워킹맘에 대한 글도 블로그에 쓰고 있다. 저서로는 〈걸스 인 도쿄〉(공저), 〈일본에서 일하며 산다는 것〉(공저)이 있다.

블로그 모모노헤야 http://blog.naver.com/popsiclez
인스타 momo5757

회사원은 되지 않겠다더니

모모

프롤로그 : 10년 차 회사원의 성장기

"당신의 꿈을 알려주세요. 누구부터 하시겠어요?"

채용 면접에서 다짜고짜 꿈이라니, 신종 압박 질문인가. 그룹 면접은 무조건 인상에 남고 봐야 한다던 대학원 취업센터 선생님의 말씀이 떠올랐다. 일단 손부터 들고 그동안 버킷 리스트에 끄적였던 것 중 임팩트가 있을 만한 내용을 떠올렸다.

"저부터 하겠습니다. 저의 꿈은 책을 쓰는 것입니다."

"어떤 책이요?"

"10년 뒤에 일본에서 꿈을 가지고 취직한 이야기, 귀사에서 일하면서 성장한 이야기를 책으로 쓸 겁니다. 그리고 어딘가에서 도전을 망설이고 있는 사람이 있다면 제가 쓴 책으로 용기를 주고 싶습니다."

참 밑도 끝도 없는 대답이다. 고작 1차 면접에서, 나는 당신네 회사에 들어갈 것이고 회사에서의 경험을 세상에 알리겠다고 말해 버렸다. 말이 채 끝나기도 전에 후회의 쓰나미가 몰려왔다. 그래도 인상에 남는 작전은 성공이었던 걸까. 15분의 그룹 면접 중에 10분 넘게 책에 관한 질문이 이어졌고, 다음날 메일로 알려 온 면접 결과는 합격이었다.

결과적으로는 다른 회사에 입사했지만, 그날의 대답은 진짜 나의 꿈이 되었다. 습관처럼 "10년 후에 책을 쓸 거야."라고 말했고 틈틈이 에피소드를 기록해 두면서 꿈은 점점 확고해졌다.

올해로 입사 10년 차. 이딴 회사 당장 때려치울 거라며 술주정을 부린 날도 있었고 홧김에 휴직계를 내던진 적도 있었다. 그리고 지금은, 그동안의 파란곡절을 써 내려가고 있다.

준비기 : 회사원은 되지 않겠어

뱃속의 태아는 세상에 나오기 직전에 본능적으로 준비를 한다. 필사적으로 몸을 덮고 있던 태지와 솜털을 벗고, 세상의 자극에 버틸 수 있도록 저항력을 최대한으로 끌어올린다. 이러한 준비가 충분히 이루어지지 않은 아기는 작은 자극에도 크게 반응하고 각종 합병증에 시달리기도 한다. 준비되지 않은 내가 섣불리 사회에 발을 내디뎠던 그때처럼.

대학교 2학년 여름 방학, 조교 선배에게 공기업 사무보조 아르바이트를 소개받았다. 주로 레스토랑이나 카페에서 아르바이트를 했던 나에게는 첫 오피스, 첫 조직 생활이었다. 대학 동기들이 '잘만 하면' 정사원이 될 수 있다며 설레발을 치는 바람에 나도 내심 기대를 했다.

주요 업무는 지역 단체에 전화를 걸어 주거 환경 실태를 확인하고 인과관계를 분석해서 보고서를 쓰는 것이었다. 전화로 배달 음식을 주문하는 것조차 싫어하던 내가 모르는 사람과 통화하기란 여간 어려운 일이 아니었지만, 조각조각 흩어져 있는 상황들을 모아서 맞춰 나가는 작업은 퍼즐 맞추기처럼 소소한 재미가 있었다. 하지만 정해진 전화를 하고 묵묵히 보고서를 쓰는 것은 회사가 원하는 '잘만 하면'이 아닌 것 같았다.

"주변도 신경 좀 쓰면서 하고 그래요."

"본래 말을 많이 안 하세요?"

"회사원보다는 프리랜서가 잘 맞겠다."

회사 사람들은 직설적인 조언부터 에둘러 눈치 주기까지 다양한 방법으로 나의 근무 태도를 지적했다. 표현은 달라도 요지는 '너 참 대인관계에 소극적이다'라는 것 하나였다. 썩 유쾌하지는 않지만 그렇다고 반론을 할 수도 없는 노릇이었다. 나는 평소에도 누군가에게 먼저 다가가는 것을 무척 귀찮아하는 사람이었으니까. 그것이 나의 약점임을 알고 있었지만, 부끄럽게도 바꿔야겠다는 생각도 노력도 해 본 적이 없었다.

설상가상으로 비슷한 시기에 소위 '성격 좋은' 동갑내기 인턴이 채용되었다. 그녀는 나보다 한 옥타브 이상 높은 카랑카랑한 목소리로, 틈만 나면 사무실을 한 바퀴 돌며 여기저기 말을 걸었다. 그 모습을 보고 있자면 내가 상대적으로 사회 부적응자처럼 느껴져서 더 위축되고 말을 안 하게 됐다.

태어나서 처음으로 방학이 빨리 끝나게 해 달라고 기도했다. 업무 보고 외에 말 한마디 하지 않는 날이 늘어 갔고 회사 사람들은 더 이상 나에게 지적도 하지 않았다. 여름 방학 마지막 날, 나와 팀 책임자는 오랫동안 이별을 예감한 연인처럼 특별한 인사도 설명도 없이 냉랭하게 회사 출입증을 주고받았다. 물론 송별회도 없었다.

'회사원은 되지 않겠어!'

동갑내기 친구들이 취직 준비에 사활을 걸던 스물네 살의 겨울, 나는 대학교 졸업과 동시에 한국을 떠나 일본 도쿄로 갔다. 회사원이 될 자신이 없다면 개인 사업을 하든 프리랜서가 되든, 오롯이 혼자서 견뎌내는 법을 익혀야겠다는 생각에서였다.

무작정 시작한 도쿄 생활은 녹록지 않았다. 일본어 공부도 착실히 하고 가지각색의 아르바이트를 하며 경험도 쌓았지만, 몇 달이 지나도 친구 한 명 만들기가 쉽지 않았다. 한국인에 비하자면 일본인들은 하나같이 말수가 없고 속내를 내보이지 않는 얼음 인형같이 느껴졌다. 익숙한 얼굴인데도 매번 처음 만난 듯이 인사하는 사람, 이쪽에서 말을 걸지 않으면 대화가 시작되지 않는 사람투성이였다. 한국에서 겪었던 인간관계와는 또 다른 차원의 문제였다.

일본어 학교 선생님은 일본의 메이와쿠(めいわく, 다른 사람에게 민폐를 끼치는 행위) 문화의 영향으로 행동을 하기 전에 주저하는 사람이 많고 그 때문에 사소한 부분이라도 말을 걸며 서로의 생각을 확인해야 한다고 했다. 예를 들면 "연락처 물어봐도 돼요?" "또 약속 잡아도 돼요?"라는 식의 한국에서는 해 본 적 없는 질문도 필요했다. 외국인인 내가 이 사회에서 살아남기 위해서는 직접 다가가고 부딪치면서 그들의 심중을 끌어내는 수밖에 없었다.

조금 더 알고 싶다, 조금 더 경험을 쌓아야 한다는 생각에 귀국은 자꾸만 미뤄졌다. 일본 생활 3년 차가 되면서 낮에는 경영학 대학원 수업을 듣고 저녁에는 한국어 강사로 일하는, 조금은 안정된 단계로 접어들었다. 마침 일본 내 한류의 인기 덕분에 한국어 공부에 대한 수요가 무척 많았다.

나의 인생을 바꾼 그날은, 한국 사극 드라마에 흠뻑 빠진 대기업 임원과의 수업이 있는 날이었다.

"모모 씨는 회사원 하면 정말 잘하겠어요. 내가 다 스카우트하고 싶네."

"회사원이요? 왜 그렇게 생각하세요?"

"항상 사람을 관찰하고 살피니까요. 무엇보다 대화가 멈추는 일이 없고요."

나 자신에게 뒤통수를 얻어맞은 기분이었다. 나는 지금 어떤 모습을 하고 있는 걸까. 그날 밤, 매일 토해내듯이 쓰기만 하고 다시 읽어 본 적은 없었던 일기장을 펼쳤다.

'친구가 필요하면 만들면 된다. 오늘은 매일 보는 편의점 점원에게 말을 걸어 친구가 되었다. 내일은 경비실 아저씨에게 도전!'

'필요 없는 대화란 없다. 사소한 질문, 말 한마디가 관계의 시발점이 되기도 하고, 공기의 흐름을 바꿀 수도 있다. 사람을 살피자. 말을 걸자.'

'한국어 수업의 질은 학생들과의 관계와 비례한다. 즉, 학생들과의 친밀도가 내 일의 성과를 좌우하는 것이나 다름없다. 오늘은 학생들의 관심사 리스트를 만들었다. 끊임없이 대화

하자.'

혈혈단신 타지에서 나는 조금씩 달라지고 있었다. 사람을 대하는 마음도, 태도도.

'이제 준비가 된 것 같아.'

탄생 : 안녕하세요, 한국인 사원 1호입니다

경영학에서는 선구자의 이익과 불이익을 논할 때 '퍼스트 펭귄'의 예를 자주 사용한다. 주저하는 무리 가운데에서 먼저 바다에 뛰어드는 퍼스트 펭귄은 용기 있는 선구자로 평가받는다는 장점이 있지만, 따라 할 만한 존재가 없기에 위험과 시간이 든다는 점은 각오해야 한다. 일본에서 직장인으로 사회에 첫발을 내딛던 그때, 나는 막연히 퍼스트 펭귄을 꿈꿨었다. 어떠한 어려움이 따라올지는 상상도 하지 못한 채.

'준비됐어!'라는 확신과 함께 일본에서의 취직 활동을 시작했다. 흔히 일본에서 말하는 현역(現役 : 휴학, 재수 등을 거치지 않고 현직에 이른 사람) 취업생에 비하면 다섯 살이나 많고 이렇다 할 경력도 없었지만, 유학 생활하는 동안 다져진 수다 능력과 뻔뻔함으로 면접 내내 설쳐 댔고, 다행히 많은 회사가 그런 모습을 적극적인 외국인으로 평가해 주었다. 결과적으로는 복수의 회사에서 최종 면접, 입사 제안을 받았고 취준생이 회사를 고를 수 있는 흔치 않은 기회가 찾아왔다.

내가 선택한 곳은 수천 명의 사원 중 외국인은 단 두 명, 기존에 한국인 채용 실적이 제로인 화학회사였다. 한국인 사원이 없다는 것은 외국인, 한국인 사원에 대한 경험도 교육 체계도 없음을 의미하지만, 그때는 무슨 용기였는지 '첫 한국인으로서 할 수 있는 일이 많겠다!'라는 생각을 했다.

"한국인 사원 1호 LEE입니다. 일본에서는 모모라고 불립니다."

2013년 4월 1일, 돌고 돌아서 '회사원'으로 다시 태어났다. 눈에 띄는 이름 덕분일까, 뻔뻔스러운 인사말 때문일까. 만나는 사람마다 이미 나를 알고 있었다. 회사 소개 영상에서나 봤던 CEO, 경영진들이 "한국인 모모 씨?"하고 먼저 말을 걸어오면, 한 것도 없이 유명 인사가 된 것 같아 이상한 기분이 들었다.

'첫 한국인 사원'은 주목을 끌기에 충분했지만 일에 대한 평가는 별개의 문제였다. 일본인들에게 당연한 표현이나 매너를 몰라서 실수로 이어지는 일이 부지기수였다. 일본의 전문용어와 업무 지식은 일본인 동기들보다 배로 더 읽고 공부해도 따라가기가 어려웠다. 업무 실수를 줄이기 위해서는 보호자 없이 외출해 본 적 없는 아이처럼 행동하기 전에 하나하나 물어보고 확인하는 수밖에 없었다.

나의 집요하고 사사로운 질문에 성심성의껏 설명해 주는 선배는 두세 명 정도였다. 대부분은 '왜 그걸 모르지?'라는 얼굴을 하며 당황스러워했다. 누군가가 '한국인 사원의 질문 폭탄을 조심하라'는 소문이라도 퍼뜨린 건지, 나를 요리조리 피해 다니는 사람도 있었다.

"한국의 교과과정이 어떤지 몰라서 나는 설명을 못하겠네?"

하루는 고심 끝에 건넨 질문이 '너희 나라는 잘 몰라서'라는 지도 거부로 되돌아왔다. 엎치락뒤치락 흔들리던 콜라 캔 뚜껑이 실수로 열린 듯이 서러움이 솟구쳤다. 퇴근길에도 좀처럼 마음이 진정되지 않아서 같은 기숙사 건물에 사는 동기들을 불러서 밤새 코가 삐뚤어지도록 마셨다. 친한 동기 녀석은 그날 내가 지키지 못할 술주정을 했다며 한참을 놀렸다.

"회사가 준비가 안 되어 있어. 이딴 회사 당장 때려치운다!"

신입사원 연수 후 처음으로 정식 배치된 부서는 도쿄 본사에 있는 재무부였다. 배치 전 인사 면담에서 "숫자에 많이 약한 편입니다"라고 말한 나에 대한 괴롭힘인지, 단점을 보완하는 육성책인지는 확인되지 않았다. 외국어로 처음 접하는 회계 용어와 재무 업무 때문에 대학교 수험생 시절에도 해 본 적 없는 밤샘 공부가 이어졌고 심신은 날로 지쳐 갔다.

"다음 주 K사와의 임원 미팅에 참석하도록 해요."

밤샘 공부로 반쯤 감겨 있던 눈이 번쩍 뜨였다. 입사 2년 차 풋내기 사원에게 임원 미팅이라니. 재무부장님은 주요 거래처인 한국 기업 K사와 오랜 기간 영어로 소통해 왔지만 이번에는 상세한 논의가 필요한 사안이라 나의 한·일 통역이 꼭 필요하다고 설명했다. 한참 열심히 공부해도 머리에 남지 않는 회계 용어 때문에 기운이 많이 빠진 상태였는데, '임원들이 나를 찾는다'라는 생각에 없던 힘이 솟아났다.

통역 일이라면 입사 전에 안 한 것 없이 다 해 봤지만, 그중에 가장 어려운 것은 단연 기업의 입장에서 하는 통역이었다. 업계의 전문용어를 알아야 함은 물론, 각 회사의 상황을 고려해서 통역해야 하기 때문이다. 또한 민감한 주제가 많으므로 통역사의 잘못된 단어 선택이 자칫 분쟁으로 이어질 수도 있다. 일주일 후에 우리 회사와 K사에 대한 검정 시험이 있다는 마음으로 열심히 공부하고 또 공부했다.

펜 하나도 소리 나게 놓아서는 안 될 것 같은 엄숙한 공기.

저마다 한껏 찌푸린 미간. 미팅의 분위기는 예상보다 훨씬 무거웠다. 회의 주제가 중요한 사안인 만큼, 담당 부서인 C 사업부와 한국에서 온 K사는 입장을 굽히지 않았다. 사전 준비를 한 덕분에 일반적인 통역은 큰 실수 없이 지나갔지만, 누구 하나 목소리가 커지거나 격앙되면 나는 고장 난 앵무새 인형처럼 한국인에게 일본어를, 일본인에게 한국어를 내뱉었다가 정정했다가를 반복했다. 하다 하다 성대 근육도 긴장했는지 미팅이 끝날 즈음에는 목이 다 쉬어서 걸걸한 목소리가 나왔다.

"음음…. 오늘 미팅 감사합니다. 통역 중에 미흡한 부분이 많아 죄송하다는 말씀드립니다."

"아니에요. 덕분에 딱딱한 회의 중에 여러 번 웃었네. 상황을 잘 아는 사람이 통역해 줘서 아주 깊고 진한 이야기를 잘 나눌 수 있었어요. 우리 한국인 친구가 사람과 사람을 연결하는 자랑스러운 일을 하고 있네."

K사 임원들과 인사를 나누고 돌아서는데, 두 눈에 눈물이 그렁그렁 맺혀서 앞이 잘 안 보였다. 그것은 안도감, 후련함, 뿌듯함이 뒤섞인 눈물이었다.

퍼스트 펭귄을 꿈꾸던 나는 가늠할 수 없는 위험에 늘 긴장

상태였지만, 전혀 고독하지는 않았다. 뒤에서 나를 지켜보고 응원해 주는 무리가 있으니까.

성장기 : 철새의 생존법

사람들은 환경에 적응하지 못하고 이리저리 옮겨 다니는 사람을 보고 '철새 같다'라고 말한다. 하지만 동물학자들에 의하면 철새는 어떤 동물보다도 탁월한 적응력과 강한 면역력을 가지고 있다. 이동하면서 경험한 환경 변화와 각종 질병을 통해서 나름대로 살아남는 방법을 찾아가기 때문이다.

이동을 통한 강해지기. 철새의 생존법은 내가 지금의 회사에서 지내 온 길과 많이 닮았다.

"일본에서 무슨 일 해?"

일에 관한 질문은 늘 어렵다. 지금 하는 일이 오래되지 않았고, 또 언제 바뀔지 모르는 이 상황을 어떻게 설명해야 할지. 이것은 나뿐만 아니라 일본의 '종합직'과 '3년 로테(로테이션)'에 놓인 사람들 모두의 고민일 것이다.

종합직이라는 말은 1986년 일본에서 고용기회균등법이 시행되면서 사용되기 시작했다. 그 후로 일본의 많은 기업은 판단력과 책임이 따르는 업무를 맡는 종합직, 매뉴얼에 따라 정

형적인 업무를 맡는 일반직으로 구분해서 고용 계약을 한다. 종합직은 일반직에 비해서 급여가 높고 승진도 빠른 대신, 빈번한 업무 로테이션과 전근이 전제에 깔려 있다. 그 업무 로테이션의 주기가 대체로 2~3년, 소위 '3년 로테(3年 ロ−テ)'라고 불린다.

종합직을 처음 들었을 때는 이상한 직군이라고 생각했다. 업무 로테이션이 잦으면 전문성을 쌓기 어려워서 이도 저도 아닌 제너럴리스트(generalist : 광범위한 지식을 가진 사람)가 될 수 있기 때문이다. 그러나 취직 활동 중 다양한 경험 후에 기업 내 중요한 포지션을 맡고 있는 종합직들을 만나면서, 한 기업의 전문가가 되는 것도 재미있겠다고 생각했다. 또한 마음 한편에는, 월급을 받으면서 폭넓게 공부하고 경험할 수 있는 점이 큰 장점이라는 생각도 있었다. 나처럼 취미가 많고 잡다한 분야에 관심이 많은 사람, 그리고 평생 여행자로 사는 외국인에게는 더더욱.

3년 로테에는 한 가지 문제가 있다. 3년이라는 제한 시간이 있는 만큼, 새로운 업무와 환경에 신속하게 적응해야 한다는 점이다. 영업 사원이 거래처에 대해 자세히 알고 있어야 하는 것처럼, 제조소(製造所 : 물품을 제조, 가공하는 작업장)의 스태프 직원(공장의 생산활동을 지원하고 관리하는 직군. 간접 사원이라고도 한다)은 매일 접하는 생산직 직원들의 업무 환경과 가치관에 맞추어 대처해야 하고, 인사부나 총무부와 같은 코퍼레이트 부문(수익을 창출하는 부서를 지원하는 부문으로 경영지원 부문이라고도 불린다)은 관계 부서와 지점의 특징을 이해하고 그에 맞는 대응을 해야 한다.

일도 같이 일하는 상대도 완전히 다른 영업, 구매, 제조소 스태프, 두 번의 코퍼레이트 부문. 이것들이 내가 지금의 회사에서 거쳐 온 직무들이다. 출산 휴직, 육아휴직 등의 기간을 빼면 근속 8년 동안 네 번이나 업무 로테이션을 한 셈이다. 철새와도 같은 직장 생활 속에서 나는 늘 나만의 적응법, 나만의 업무 파악 방법을 찾으려 노력했다.

처음에는 업무 매뉴얼에 몰두했다. 일본이 '매뉴얼의 나라'라고 불리는 만큼, 회사에는 과도할 정도로 구체적이고 세세한 업무 매뉴얼이 갖추어져 있어서, 매뉴얼만 잘 보면 어떤 업무든 혼자 할 수 있을 것 같은 착각에 빠져들었다. 그러나 매뉴얼을 쫓다 보면 작업 순서에만 집중하게 돼서, 상대에 따라 다르게 대응해야 하는 안건이나 예외 사항 앞에서 꼭 업무 트러블이 일어났다. 결국은 매뉴얼이나 자료가 아닌 경험자와 관계자들을 통한 업무 파악이 정확하다는 결론에 도달했다. 하지만 갓 새로운 부서, 새로운 업무에 배정된 나에게 물어보고 상담할 만한 인맥이 있을 리 만무했다.

"히어링 할 사람이라도 소개해 줄까?"

직속 사수가 '히어링'이라는 단어를 내뱉었다. 히어링(hearing)이란 이해관계자의 이야기를 듣고 정보를 수집한다는 의미로, 인터뷰나 취재와 비슷하지만 일본에서는 구분해서 사용하는 비즈니스 용어다. 다짜고짜 대화를 시작하는데 이보다 좋은 명분이 있을까.

당장 그날부터 스케줄표(일정표)에 하루에 30분씩 히어링 일정을 등록했다. 새로운 팀의 팀원부터 업무와 관련된 부서의 키 맨(key man : 핵심적인 역할을 하는 사람), 관계가 있어 보이는 사람들 한 명 한 명을 순서대로 등록했다. 일면식도 없는 사람들이지만 '업무 파악을 위한 히어링 요청'이라는 메일을 보내면 다들 흔쾌히 승낙해 주었다. 조금은 치사하지만 '제가 외국인이라 잘 몰라서…'라는 이유를 덧붙이면 더욱더 효과적이었다. 히어링의 주제는 담당 업무의 근본적인 의미, 관련 부서 간의 관계, 관계자 한 명 한 명의 특징과 취향 등 다양했다.

내가 소속된 본사 건물은 당시 일본에서 한참 유행하던 원플로어 오피스(ワンフロア オフィス : 한 층에 부서, 직책의 구분 없이 배치하는 방식의 사무실)로, 정중앙에 휴식을 취할 수 있는 카페테리아가 있었다. 매일 같은 시간에 몇 개 없는 회의실을 독점할 수는 없는 노릇이라, 히어링은 자연스럽게 카페테리아에서 이루어졌다. 본의 아니게 매일 같이 오피스 한가운데에서 공개적인 티타임을 벌이게 된 셈이었다.

내가 커피를 직접 만드는 것은 아니지만 자판기로 내린 커피를 나눠 준다는 이유로 사람들은 히어링 시간을 '모모 카페'라고 불렀다.

모모 카페에서는 미리 약속한 사람과 업무 히어링을 하기도 하고, 어떤 날은 오다가다 들른 선후배들과 근황을 공유하기도 했다. 단순한 농땡이처럼 보일 수도 있지만, 이 시간에 얻은 정보들은 내가 업무를 수행하는 원천이 되어 갔다.

초반처럼 매일은 아니시만 다음, 그다음 업무 로테이션이 있을 때까지 모모 카페는 부활했다가 잠잠해졌다가를 반복했다. 간혹 "업무 시간에 이래도 돼?"라고 묻는 사람도 있었지만 크게 신경 쓰지 않았다. 나에게는 무척 소중한 업무 파악의 장이자, 사내 인맥을 쌓는 기회니까.

"이 안건, 타 부서에 확인하고 싶은데 누구한테 물어봐야 할지 모르겠네. 혹시 K 부서나 E 부서에 물어볼 만한 사람 있어요?"

"한참 모모 카페를 많이 할 때 K 부서 E 상, S 상과 친했고, E 부서는 이번에 들어온 신입사원 빼고는 다 알고 있습니다. 제가 확인해 볼게요."

"와, 모모 씨 진짜 마당발이다!"

한국어 강사를 할 때 들었던 "회사원 하면 잘하겠다." 만큼이나 충격적인 말이었다. 인간관계만큼 어려운 게 없었던 내가 마당발이라는 말을 듣는 날이 오다니. 새끼 철새와도 같았던 나는 그렇게 나만의 생존법을 찾아갔다.

정체기 : 이 병은 난치병입니다

고등학교 때 생물 선생님은 종종 교과서를 덮고 '정체'의 중요성을 강조하셨다.

"성장기라고 하면 매일매일 꾸준히 클 것 같지? 사실은 발달과 정체가 몇 번이고 반복돼. 정체기는 다음 성장을 위한 휴식기가 될 수도 있고, 급속한 성장을 안정화하는 안정기로도 볼 수도 있어. 한 마디로 정체했다고 이게 끝이라며 슬퍼

할 필요가 없다는 이야기야."

'당최 뭔 소리야'라며 흘려들었던 이 이야기를 30대가 되고서야 이해할 수 있게 되었다. 사람은 정체를 정지로 여기는 순간 우울해지고, 다음을 위한 과정으로 받아들일 때 비로소 편해진다. 내가 일본 회사에서 만난 정체기가 그랬다.

"인사발령 : C 사업부 영업, 2016년 12월 1일"

늘 마음의 준비를 하고 있지만 마주할 때마다 긴장하게 되는 인사 발령. C 사업부는 입사 2년 차 때 임원 미팅에서 만났던 바로 그 부서였다. 인사 담당자 말에 의하면, 그날을 계기로 C 사업부에서 나를 이동시켜 달라는 요청을 여러 번 했었다고 한다. 그토록 나를 필요로 하는 곳이 있다니, 드디어 운명의 부서를 만나는 건가.

영업사원이 되기 전까지 나는 영업이라는 직무에 대해 잘 알지 못했다. 영업에 대해 가지고 있던 이미지라고는 새로운 고객을 뚫지 못하고 문전 박대를 당하거나 매달 실적 그래프를 그리며 울고 웃는 모습 정도였다.

인사 배치 후 알게 된 일본 화학 업계의 영업이란, 제품을 생산하는 제조소와 제품을 구매하는 고객 사이에서 양쪽의 상황을 파악하고 조정하는 중계자 같은 역할이었다. 서로를 필요로 하지만 각자 고집이 대단한 노부부 사이에서, 둘의 하소연을 듣고 서로 기분 상하지 않도록 어르고 달래는 자식의 모습과 비슷하다고나 할까. 그 중간자 역할에 충실하다 보면 서로 간에 신뢰가 켜켜이 쌓이게 되고, 그것이 새로운 제품 개발이나 사업의 씨앗이 되는 식이다.

영업 사원으로서의 첫 담당 업무는 고객과 공장 직원들의 불평불만을 듣고 사내에 공유하는 것이었다. 일본어에는 상황에 따라 뉘앙스가 달라지는 표현, 에두른 표현이 많아서 원어민도 곡해하거나 잘못 전달하는 경우가 많으므로, 일본인 사원들도 이러한 전언(伝言 : 말을 전달하는 것) 업무를 좋아하지 않는다. 그러나 아이러니하게도, 나는 외국어로 일을 한다는 긴장감 때문에 늘 듣기 평가를 치르듯이 집중해서 듣고, 이해한 내용을 집요하게 세 번 네 번 재확인하는 습관이 있었기에 이야기를 듣고 정리하는 일에 꽤 익숙했다.

관계자들은 이러한 부분을 좋게 봐주었고 외국인이라는 점을 배려해서 처음부터 더 자세히, 더 구체적으로 정보를 전달하는 사람도 있었다. 나는 이내 외국인 영업사원도 생각보다 할 만하다는 착각에 빠졌고 매일 아침 출근이 즐거웠다. 적어도 적이 내부에 있다는 것을 알기 전까지는.

"한국에는 이런 거 없지? 있을 리가 없지."

"한국 사람들은 데모, 싸움 이런 거 좋아하잖아."

"한국은… 한국은…"

어느 날부터인가, 옆자리에 앉은 직속 상사가 픽 하면 한국 이야기를 꺼냈다. 대부분은 한국인인 나도 처음 듣는 이야기나 당최 근거가 없는, 그야말로 아무 말 대잔치(= 헛소리)였다. 차별 발언이라면 유학 시절에 각종 아르바이트를 하면서 만난 '외국인 싫어 아저씨', '조센징 집에 가 할머니' 등 숱하게 겪어서 가볍게 넘길 수 있다고 생각했는데…. 같은 직장, 같은 팀에서 한 편이어야 할 사람이 항상 내 나라를 깎아내릴 기회만 노리고 있다고 생각하니 근무 시간 내내 긴장이 됐다.

"그거 인종차별인 거 아시죠."라는 말이 턱 끝까지 올라왔지만, '회사원의 요건 = 원만한 인간관계'라는 바보 같은 믿음이 나의 입을 틀어막았다. 그저 참았다. 대충 웃고, 대충 넘어갔다. "역사 문제에 대해 어떻게 생각해?"라는 무례한 질문에 "서로 좋게 해결되면 좋겠지요? 하하…"라는 줏대 없는 대답을 했던 날은 내 입을 몽둥이로 쥐어패 주고 싶었다.

출근길에 회사 건물을 들어서는데 왼쪽 아랫배에서 쥐어짜는 듯한 통증이 느껴졌다. 그 복통은 불편한 단골손님처럼 다음 날도 그다음 날도 같은 장소, 같은 시각에 찾아왔다.

"내시경 검사 결과는 궤양성 대장염입니다. 이 병은 난병이라 완치가 없어서 평생 약을 먹어야 해요."

일본에서 난치병, 불치병을 흔히 '난병'이라고 부른다는 것을 이때 처음 알았다. 사실 그동안은 알 필요도 없는 단어였달까. 궤양성 대장염의 원인은 의학적으로 밝혀져 있지 않지만, 나는 내 병의 원인을 잘 알고 있었다. 저 벽 너머에 상사가 있다고 생각할 때마다 배가 아팠으니까. 더 이상 대충 웃고 대충 넘어갈 수 없었다.

"회의 중에 죄송합니다. 제가 궤양성 대장염이라는 진단을 받았습니다. 죄송하지만 며칠 쉬겠…"

"그거 선천적인 병 아닌가? 한국에 있는 가족 중에도 있는 거 아니야?"

'네 병의 원인은 너희 가족한테 있을 거야'라는 무례한 발언을 한 순간이었다. 이성의 끈은 이미 내 손을 떠나 있었다.

"궤양성 대장염이 선천적인 병이라는 발표는 어디에도 없습니다. 그리고 저는 제 건강을 위해서 이 모든 것을 산업의에게 보고하고 휴직하겠습니다."

상사는 '산업의'라는 단어가 나오자 굳은 표정으로 더 이상 말을 잇지 않았다. 일본의 노동안전 위생법에서는 종업원 50명 이상인 회사는 산업의(産業医 : 사업장, 기업에서 노동자의 건강에 대해 지도 및 조언하는 의사)를 선임하고 그 의사가 사원의 건강 상태에 따라 근무 형태, 휴직·복직 시기 등을 관리하게 되어 있다. 산업의와의 면담이 시작되면 그 내용이 인사부, 경영진들에게도 공유되고 그것이 상사의 인사고과에도 영향을 끼칠 수 있다.

산업의 면담에서 대학 병원의 궤양성 대장염 진단서를 제출하고 그동안 상사에게 들었던 차별 발언과 고충에 관해 이야기했다. 산업의는 궤양성 대장염 진단이 없더라도 정신적 건강을 위해 휴직을 권고할 만한 중대한 사안이라며 바로 휴직 일정을 잡아 주었다. 나는 나를 그토록 필요로 하던, 운명이리고 믿었던 부서에 그렇게 휴직계를 내던졌다.

며칠 쉬려던 계획이 장기 휴직으로 바뀐 순간, 앞만 보고 달려온 일본 생활도 이렇게 끝이구나 싶었다. 회사에는 성질 더러운 한국인 사원이 갑자기 회사를 쉬고, 마음에 안 드는 사람을 나락으로 떨어뜨렸다고 낙인찍힐 테니까. 이직할까도 싶었지만, 몸도 성치 않은 난병 환자를 받아 줄 회사가 있을 리 없다는 생각에 눈앞이 깜깜해졌다.

다행히 이러한 슬픔 상상의 무한 루프는 그리 오래가지 않았다. 휴직한다는 소문을 들은 회사 사람들이 하나같이 나를 격려해 주었다. 상사는 내가 알고 있던 것보다도 업보가 많아서 다들 언젠가 이렇게 될 줄 알았다는 분위기였다. 이야기가 어떻게 흘러 들어갔는지, 휴직을 이틀 앞둔 날 그룹 전체의 CEO가 나를 따로 불렀다.

"나도 사실은 궤양성 대장염 환자예요. 진단받은 건 입사 2년 차 때였나. 그런데 스트레스의 원인이었던 선배가 다른 부서로 이동하고는 30년 동안 한 번도 재발하지 않았어요. 참 신기하지요?"

담담하게 전하는 이야기였지만, 그 어떤 말보다도 깊은 위로가 됐다.

"심신이 불안정할 때 내리는 결론은 후회로 이어질 수 있어요. 아무 생각도 하지 말고 쉬도록 해요. 사람은 건강만 되찾으면 뭐든지 할 수 있으니까요."

나는 그렇게 정지가 아닌, 다음을 위한 휴식을 택했다.

재도약기 : 승진하고 싶습니다

또다시 더 높은 단계로 발전하는 시기를 '재도약기'라고 부른다. 이것은 어느 정도의 성장이나 완성된 상태를 지나서 또 다른 발전이 이루어질 때 사용하는 표현으로, 기업이나 산업의 성장 과정을 정리할 때, 또는 인간의 성장 발달과정을 설명할 때도 자주 사용된다. 재도약기의 유무는 성장의 지속성, 즉 성장곡선이 계속 그려질 것인지, 혹은 쇠퇴기로 바뀌어 종료될 것인지를 판단하는 척도가 되기도 한다. 다른 말로 하면 또 다른 성장과 발전을 위해서는 현상 유지가 아닌 재도약이 필요하다는 뜻이다.

다음을 위해 선택한 휴직. 한동안은 정말 아무것도 하지 않고 쉬었다. 아무것도 켜지 않고 아무것도 보지 않고 누워 있었다. 고요함 속에서 오롯이 나의 몸과 마음에 집중하고 있자니, 직속 상사의 별생각 없는 발언에 상처받았던 시간이 덧없게 느껴졌다. '이상한 사람 다 보겠네'하며 가볍게 넘어갔다면 내 몸도 내 일도 지킬 수 있었을 텐데. 2개월 만에 대장염 증상은 완전히 사라졌고 몸이 회복되면서 마음도 안정되었다.

슬슬 복직을 준비해야겠다고 생각한 즈음에 뱃속에 새로운 생명이 생겼다는 사실을 알게 되었다. 원칙대로라면 일단 복직해서 출산 전까지는 정상 근무를 해야 하지만, 산업의는 임신 중 궤양성 대장염의 재발은 위험하다는 이유로 복직을 승인해 주지 않았다. 결과적으로 상병 휴직부터 출산 휴직, 육아휴직을 통틀어 2년이나 쉬게 되었다. 휴직 동안 내가 소속됐던 부서는 조직 통폐합으로 인해 축소되었고 직속 상사는 내가 복직하기 두 달 전에 다른 계열사로 발령 났다.

나는 마침 공석이 있던 한 사업부의 기획조정팀으로 복직했다. 기획조정팀은 사업부의 실적관리부터 사업 계획, 요원 관리, 업무 안정화 등 소위 '뭐든지 하는 만능 팀'이었다. 마침 사내 시스템이 대대적으로 교체되던 때라, 나는 새로운 시스템 운용과 사용법을 교육하는 업무를 담당하게 되었다.

일본 기업들이 시스템 변경처럼 큰 변화를 겪을 때마다 골머리를 앓는다는 것은 익히 알고 있었다. 일본의 사회문제로 대두되고 있는 인구 감소, 고령화가 기업 내에서도 눈에 띄게 가속화되고 있기 때문이다. 사원의 반 이상은 5~60대였고 60대의 반은 정년퇴직 후 아르바이트로 재고용된 시니어 사원들이었다. 그렇다 보니 이들에게 새로운 것을 교육하고 정착되기까지는 많은 시간과 노력이 필요하다. 반면에 이러한 교육 업무는 들이는 수고에 비해서 경제적인 효과나 실적이

눈에 보이지 않기 때문에 담당하기를 꺼리는 사람이 많다.

다행히 나는 한국어 강사 경험과 입사 후 오랫동안 계속해 온 유학생 취업 지도 경력도 있었으며, 교육 자료를 만들고 지도하는 것도 좋아했다. 재미있는 점은, 육아 휴직 동안 말도 안 통하는 아기와 24시간 씨름했던 효과인지, 설명하는 대로 따라주고 때때로 고맙다고도 해 주는 어른을 대하는 것은 누워서 떡 먹기라는 생각이 들었다. 시니어 사원 특유의 여차하면 옆길로 새는 잡담도, 휴직 전에는 코웃음 치던 아재 개그도 마냥 재미있고 즐겁게 느낄 정도였다.

새로운 시스템을 설명하는 방법은 단순한 교육 자료에서 메일 매거진 형태로 바꾸어 갔다. 시니어 사원들과 수다를 떨면서 고령의 사원들이 유독 어려워하는 부분, 개인 지도가 필요한 부분이 조금씩 선명해졌기 때문이었다. 회사 전체적으로 시스템에 대한 공지가 올라오면 시니어 사원이 궁금해할 기능과 Q&A를 정리해서 단체 메일을 보내고, 개인 시도가 필요할 법한 부분은 미리 지도할 수 있는 스케줄을 안내했다.

어떤 선배는 내가 기획조정 팀원인지, 동네 컴퓨터 학원 선생님인지 모르겠다고 말하기도 했지만, 이러한 경험도 지금이 아니면 할 수 없다는 생각에 꿋꿋이 계획대로 진행했다.

다행히도 큰 문제 없이 시스템 교육을 마쳤고 '무사히'라는 결과가 다음 해 인사 평가에 좋게 반영되었다.

"다음 관리직 시험 대상자로 추천할 거니까, 시험 준비하세요."

"네? 부장님, 저는 외국인에 휴직 기간도 길었고 육아 때문에 업무상 제한도 많은데…."

"모모 씨는 관리직이 무엇을 관리한다고 생각해요?"

"음…. 팀, 부서의 업무요?"

"나는 관리직은 사람을 관리한다고 생각해요. 업무나 작업만 관리한다면 AI나 로봇을 시키는 게 정확하겠지. 그런 의미에서 모모 씨는 시스템을 바꾸면서 많은 팬을 확보했잖아요. 특히 시니어 사원들이 추천을 많이 했어요."

사람 때문에 울고 웃었던 10년이 주마등처럼 스쳐 지나가는 순간이었다. 첫 한국인 사원으로서의 고충도, 사람 때문에 얻은 병과 휴직도. 이 모든 것이 재도약을 위한 과정이었던 걸까.

"네, 승진하고 싶습니다."

관리직 시험은 업무 과제에 대한 논문과 프레젠테이션, 면접으로 이루어졌다. 마침 논문 주제를 정하던 시기에 또다시 옆 부서로 인사 발령이 나서, 새 부서에서 시작도 안 한 업무로 논문을 써야 하는 사태에 이르렀다. 몇 년 전이라면 당혹감에 시험을 1년 미뤘을지도 모르겠지만, 이것도 기회라는 생각에 사내 인맥을 총동원하여 인터뷰 결과 형식의 논문을 쓰고, 마주치는 사람마다 붙잡고 프레젠테이션 연습을 했다.

결과는 다행히 합격. 나는 또 다른 성장, 도약을 꿈꾸며, 종합직·관리직이라는 출발선 앞에 섰다.

에필로그 : 10년 차라는 시작점

"10년 차 축하해, 건배!"

코로나19가 진정되고 회사에서 회식 금지령 해제 공지가 나오자마자, 미루고 미루던 동기 모임을 열었다. 입사 때에 비하면 인원은 반으로 줄었지만, 전우애는 배로 깊어진 느낌이다.

"살아남은 건지, 남겨진 건시는 모르겠지만 아무튼 죽하한다."

"그래도 우리, 각자 치열하게 달려왔잖아."

종합직 동기들은 전원 관리직이 되었고 고등학교 졸업과 동시에 입사한 일반직 동기는 바늘구멍같이 좁은 길을 뚫고 관리직 직전의 순위까지 승격했다. 결코 직급이 전부는 아니지만, 때로는 직급이 그 사람의 노력과 열정을 설명해 주기도 한다. 확실한 것은 모두 분명 치열하게 자신과 싸우며 달려왔다는 것이다.

일본 회사에서 10년 정도 일하면 멋들어진 영웅담이 가득한 책 몇 권은 가뿐히 쓸 수 있을 거로 생각했다. 그러나 실상은 나의 크고 작은 약점들, 외국인으로서의 한계와 정신없이 싸우다가 이제 겨우 초보 관리직이라는 시작점 위에 섰다.

입사 20년 차가 되면 또 다른 책을 쓰기로 했다. 관리직 시험 준비를 도와준 회사 선배들과 입사 10년 차를 자축한 동기들에게 이제부터 10년 후에는 관리직으로서의 성장기를 책으로 쓰겠다고 선언했기 때문이다.

관리직으로서의 사람 관리와 인간관계, 타국에서의 워킹맘과 관리직의 병행. 앞으로 더 대단한 것들이 다가올 예정이지만 미리 걱정하거나 단정 짓지 않기로 결심했다. 회사원은 되지 않겠다던 내가 딱딱하기로 유명한 일본 회사의 관리직이 되었으니까.

내가 일본에서 일하는 이유

모모

이곳에서 일하는 이유?

"일본이 그렇게 좋아?"

또 들었다. 순수한 궁금증인지 에두른 비난인지 알 수 없는 오묘한 질문. 내가 일본에서 일하고 있다고 말하면 어떤 사람은 타지에서 자리를 잘 잡았다고 격려해 주지만, 다섯에 둘 정도는 일본인 다 됐다, 그곳이 한국보다 좋냐고 말한다. 서울에서 일하는 사람에게 "너, 서울이 그렇게 좋아?"라고는 묻지 않을 거면서, 대체 왜.

나는 일본이 그렇게도 좋은가?

대학 시절에 일본 음악과 영화에 빠져서 일본어 공부를 시작하긴 했지만, 그것은 흠뻑 빠졌다가 질렸다가를 반복하는 나의 수많은 취미 중 하나였다. 굳이 따지자면, 정적이고 조용한 일본의 분위기보다는 역동적이고 흥이 넘치는 한국의 분위기를 좋아하는 편이고, 다소 우회적이고 조심스러운 일본인 친구들보다는 직설적이고 벽이 없는 한국인 친구들이 편하다. 당연하게도, 한국을 얕잡아 보는 일본 언론이나 역사 교육과 마주할 때면 핏대를 세우며 분노한다.

내가 일본에서 일하는 이유를 '너무 일본을 좋아해서'라는 한마디로 정리할 수 있을까?

장래에 대한 불안함에 방황하던 이십 대의 어느 날, 한국을 떠났다. 그리고 지금까지 쭈욱 내가 할 수 있는 일, 나를 필요로 하는 일을 좇고 있다. 이 긴 여행 끝에 머물게 된 장소가 마침 이곳, 바로 일본이었다.

스물여섯 살에 알게 된 진짜 '나'

20년이 넘게 흘러도 이상할 만큼 선명한 기억 하나가 있다. 유년 시절에 본 예능 방송이었다. 요즘 고민이 있냐는 질문에 한 90대 할머니가

"나는 아직도 내가 뭘 좋아하는지 몰러!"

라고 외쳤다. 아흔 살이 넘어서 나 하나도 모르면, 평생 아무것도 모르는 거 아닌가 싶어 머릿속이 복잡했다. 어른이 된 지금이야 나 자신을 아는 것만큼 어려운 게 없다는 것을 잘 알지만 말이다.

처음부터 일본 취업이라는 비장한(?) 계획을 세우고 일본에 온 것은 아니었다. 한동안은 자유로운 프리랜서로 한국어 강사, 통번역, 공연 스태프 등, 분야를 가리지 않고 일했다. '일본 사회는 나를 얼마나 필요로 할까?'라는 궁금증이 생겨날 즈음, 경영학 대학원에 재학 중이던 내가 마침 일본 기업들의

정기 채용 대상(학부, 대학원 1년 이내 졸업 예정자)이라는 것을 알고 서둘러 취직 활동을 시작했다.

'취업의 첫 단계 : 나에게 맞는 기업 선택의 기준 선정'

서점에 즐비한 일본의 취업 가이드북들은 하나같이 기업 선택의 기준부터 정하라고 말한다. 일본에서는 일부 오너 기업, 중소기업, 중도 채용 등을 제외한 수천 개의 기업들이 6개월 남짓의 기간에 동시다발적으로 채용하기 때문에, 명확한 기준 없이 시작했다가는 스케줄에 치여서 어느 곳에도 집중하지 못한 채 원하는 회사 입사에 실패할 수 있다.

나는 먼저 취직 활동을 시작한 외국인 대학원 동기들을 관찰했다. 그들은 외국인으로서의 합격률을 높이는 것이 우선이라며, 외국인 사원이 많은 회사나 외국인 전형이나 시험이 따로 있는 회사에 집중했다. 명확한 기업 선택의 기준이 없었던 나도 그들을 따라 외국인 채용 실적이 높은 회사를 찾기 시작했다.

한 달 정도 지났을까. 문득 내가 일본인보다는 외국인에게 인기 있는 회사, 외국인이 주로 소속되는 부서나 경력 경로(경력과 관련된 직위 및 역할 이동의 경로)가 따로 있는 회사에 지원하고 있다는 사실을 깨달았다.

'나는 외국인과 일하고 싶은가? 아니면 일본 사회, 현지인들 안에서 일하고 싶은가?'

뒤늦게 기업 선택 기준에 대한 진지한 고찰이 시작됐다. 그동안 일본에서 지내온 시간을 되돌아보았다. 외국인이라는 범주에 들어가 다양한 국적의 사람들과 어울리며 일을 할 때보다, 일본인들 안에서 그들이 잘 모르는 한국, 해외에 대한 이해와 경험을 활용해서 인정받을 때 느끼는 즐거움이 훨씬 컸다는 사실을 깨달았다. 그것이 바로 스물여섯 살이 되고서야 알게 된 나의 진짜 성향이자 적성이었다.

급히 기업 선택의 기준을 '외국인이 많은 회사'에서 '외국인이 적은 회사', '외국인도 일본인과 같은 직무를 경험할 수 있는 회사'로 바꾸어 취직 활동을 이어갔다. 아흔 살이 넘어서도 나 자신을 모른다고 했던 할머니에 비하면 꽤 이른 깨달음이라 자부하며.

같은 일, 조금 다른 방식

취직을 함께 준비하던 외국인 친구들 사이에는 도시 전설 같은 이야기가 하나 떠돌고 있었다.

"일본에서 외국인이 할 수 있는 일은 정해져 있대."

요컨대, 일본에서는 심각한 일손 부족 현상 때문에 외국인 채용이 흔해졌지만, 여전히 많은 일본 기업은 외국인에게 해외 업무나 통·번역을 시키고 이른바 인사, 경영 기획 같은 기업의 관리나 경영과 관련된 일은 맡기지 않는다는 것이다.

반항 기질이랄까, 도전 정신이랄까. 이 말을 처음 들었을 때, 내가 이 도시 전설을 꼭 뒤집어 보고 싶다는 생각부터 들었다.

폭풍 같은 취직 활동 끝에 외국인이 적고, 국적과 관계없이 같은 평가와 경력 경로를 적용하는 회사에 입사했다. 이것은 기업 선택 기준의 초점을 '외국인'에서 '나 자신의 성향과 적성'으로 바꾼 결과였다.

입사하고 얼마 지나지 않은 어느 날, 나를 뽑았던 채용 담당자에게서 급히 연락이 왔다.

"우리와 같이 채용 활동을 해 줬으면 좋겠어요."

그는 여성의 사회 진출, 외국인 채용이 당연시되고 있는 요즘, 그러한 요소를 다 가진 내가 취준생들에게 좋은 멘토가 될 수 있을 것 같다는 설명을 덧붙였다. 예상치 못한 제안이었지만, 일개 외국인 신입 사원인 내가 회사의 얼굴이라고도 하는 채용 활동을 할 수 있다는 생각에 1초의 망설임도 없이 "잘 부탁드립니다!"라는 답장을 보냈다.

나의 온 신경은 '나만의 방법'을 찾는 데에 집중됐다. 외국 인들이 모이는 온라인, 오프라인 커뮤니티를 총동원해서 취 업 설명회를 열기도 하고, 학내 기업 설명회(대학교로 찾아가서 개최하는 기업 채용 설명회)에서 '말 많은 외국인 언니'를 자처하며 긴 시간 취업 상담을 하기도 했다. 예년보다 외국인 지원자가 열 배 이상으로 늘어났다는 이야기를 들었을 때, 긴 시간 상 담한 일본인 학생들이 우리 회사를 1지망으로 정했다는 피드 백을 해주었을 때는 일상적인 업무를 수행했을 때와는 또 다 른 성취감을 느꼈다.

채용 활동을 시작한 지 3년. 그 해는 유독 한국인 지원자가 많았다. 최종 후보로 남은 것은 한국인 S와 K. 채용 관계자들 은 현지인에 가까운 일본어 실력과 뛰어난 언변을 가진 S에게 주목했다. 확실히 S는 면접마다 완벽한 모습을 보였지만, 나 와 따로 나와서 한국말로 대화할 때마다 마치 다른 사람처럼 말투가 거칠어지고 "월급 많이 주죠?"라는 재미도 없고 반응 하기도 뭐 한 농담을 해댔다. 그에 비해서 K는 일본어와 언변은 조금 부족해도 시종일관 진중하고 솔직한 모습을 보였다.

채용 관계자들에게는 내가 취준생들과 밀접 접촉하면서 느낀 바를 공유하고, K처럼 우리 회사에 필요하다고 생각되는 인재에게는 채용 상황이나 개선점을 귀띔했다.

"K 씨, 우리 회사가 1지망이라면, 연락이 조금 늦다고 포기하지 말고 더 적극적으로 더 인상적으로 자기 어필을 해 주세요."

예상대로 S는 월급 많이 주는 회사에서 스카우트라도 했는지 채용 기간 도중에 잠수를 타 버렸고, 그동안 K가 학창 시절의 경험과 자신의 장점을 포트폴리오로 제작하여 면접관들에게 건넸다는 이야기가 들려왔다. 결과적으로 K가 만장일치로 합격했다.

채용팀을 지원하는 일로 시작된 채용 활동은 기업 공식 리크루터(취준생의 취직 활동을 지원하고 기업과 연결하는 역할을 하는 스카우터와 비슷한 개념), 인턴 지도관, 면접관의 순서로 점점 본격화됐다. 소속 부서 업무 반, 채용 활동 반이라는 전례 없는 형태의 근무를 4년 동안 이어갔다. 채용 활동은 취준생의 시간에 맞춰야 하기에 늦은 밤, 주말에 근무해야 하는 날도 많았지만, 피곤한 줄도 모르고 일했다.

그때의 나는 일본인들과 같은 일을 조금 다른 방법으로 해 냈다는 만족감, 그리고 '외국인이 하는 일은 정해져 있다'라는 도시 전설을 뒤집었다는 성취감에 흠뻑 취해 있었다.

나에게 맞는 일 찾아가기 vs 찾아오게 만들기

사람이 헤어지고 어긋나는 데에는 큰 의미가 있다고 믿는 편이다. 오다가다 만나는 것은 우연일 수 있어도, 헤어짐은 마음을 먹고 다른 곳으로 움직여야 하는 법이니까. 일본에서 참 많은 한국인을 만나고 헤어졌다. 내 입장에서는 떠나간 것 이지만, 사실은 다른 방향을 향해 나아간 것뿐이라 생각한다. 각자 일본에서 일하는 이유, 일본에서 사는 이유를 찾으며.

"선배님, 갑자기 이런 연락드려서 죄송…."

아기가 낮잠을 자는 틈에 소파에 벌러덩 누워 인터넷 서핑 이라도 하려는 찰나, 스마트폰 대기 화면에 심상치 않은 메시 지 하나가 고개를 내밀었다.

"다른 회사에서 내정을 받아 이직하게 됐습니다. 이런 소식 을 전하게 돼서 죄송할 따름입니다."

2년 전, 나의 적극적인 추천과 지원으로 채용된 바로 그 K

였다. 나 역시 지금의 직장에 도달하기까지 여러 가지 일을 거쳐 왔기에 이직이나 퇴사는 일상다반사라고 생각했다. 하지만 직접 채용에 관여했던 후배라서일까, 마음속으로 '아니라고 해줘!'라는 애원의 소리가 나왔다.

아쉬운 감정을 숨기고 대화를 이어갔다. 이직할 회사에서는 당장 다음 달부터 입사해 주기를 원하고, 지금의 회사는 퇴사 시기를 연기해 달라는 통에 그가 무척 곤란한 입장에 놓인 모양이었다.

"그래도 새로운 회사에서는 한국과 관련된 일을 할 수 있을 것 같습니다."

그동안 원하는 일을 하지 못해 힘들었던 마음과 다음 회사에 대한 기대감이 강하게 느껴지는 한마디였다.

K는 이전에도 '한국과 관련된 일을 하고 싶었는데 기회가 없다, 일본인보다 잘 할 수 있는 일을 하고 싶다'라고 말한 적이 있었다. 나는 "내가 생각하는 나와 회사가 보는 내가 다를 수 있는 거니까, 지금의 자리를 잘 지키면 딱 맞는 일이 알아서 찾아올 거예요."라고 말했다.

그때는 위로랍시고 했던 말이지만, 그에게는 답답함을 배로 만드는 촉진제였을 지도 모를 일이다. 내가 한 번만 더 진지하게 이야기를 들어 주었다면, 그가 가장 고민하던 시기에 내가 마침 육아휴직 중이 아니었다면, 이 아쉬움과 미안함이 조금 덜했을까?

2019년 3월, K가 퇴사했다. 그리고 나는 다음 달인 4월에 육아휴직을 끝내고 복직했다. 타국에 있는 회사에서 선후배로 만날 만큼 깊은 인연이라고 믿었던 K와는 직접 인사도 하지 못한 채 어긋났다. 회사 밖에서 만나 밥이라도 한 번 먹으면 되는 일이지만, 끝내 "한번 보자."라는 말을 하지 못했다. "좋은 회사로 가게 됐어요."라며 기대로 가득 찬 K를 방해하기 싫었다.

그 후로 K와는 한두 번 안부 인사를 주고받았지만 미처 말하지 못한 것이 하나 있다. 내가 복직 후 한국 관련 사업의 담당자로 일하고 있다는 사실이다.

K의 퇴사 선언을 듣고 정확히 일주일 후, 인사 책임자에게서 내가 한국 업무 비중이 높은 부서로 배치될 것이라는 말을 들었다. 나도 모르게 "제가요?"라는 말이 튀어나왔다. 'K가 아니라? 내가?'라는 마음이 담긴 한마디였다. 인사 책임자는 내가 한국인이라서가 아니라, 근속 연수와 여러 부서를 거치면서 쌓은 종합적인 경험이 인정되어 내려진 결론이라고 했다.

K가 1~2년만 더 참았다면 나와 함께, 혹은 나 대신 한국 관련 사업의 담당자가 될 수 있었을까? 아니, 그렇다고 해도 그는 또 다른 목표를 향해 언젠가 이직했을까?

한국 업무라는 뚜렷한 목표를 찾아 움직인 K. 내 자리를 지키며 딱 맞는 일이 찾아오길 기다리다 한국 업무 담당자가 된 나. 어느 쪽이 맞거나 틀렸다고 생각하지는 않는다. 우리는 각자 방식이 달랐고, 내 방식이 지금의 회사와 조금 더 맞았던 것뿐이다. 나와 K와의 어긋남은, 각자의 조금 다른 다음 단계로 가기 위한 과정이었을 것이다. 그렇게 믿는다.

이곳에서 일하는 이유는…

"왜 일본인가요?"

취직 활동을 할 때 가장 싫어했던 질문이자, 채용 활동을 할 때 가장 많이 했던 말이다. 언제 들어도 참 어렵고 많은 생각을 하게 하는 말이다.

내가 일본에 있는 이유가 선명하게 느껴지는 날은 무엇을 해도 즐겁고 안개가 낀 듯 희미한 날은 나의 일과 생활, 가족, 모든 것들에 대한 확신이 없어진다. 그래서 나를 비롯한 일본에서 일하며 사는 많은 사람이 늘 그 이유를 찾고 되새기려 노력하는 것이 아닐까.

　우연히 발을 디딘 일본에서 내가 할 수 있는 일, 나를 필요로 하는 일을 발견했다. 그리고 지금도 일본인들과 같은 일을 외국인으로서, 나만의 방식으로 조금 다르게 업무를 해내는 특별한 경험을 즐기고 있다. 이것이 내가 일본에서 일하는 이유다.

고나현

도쿄 & 오사카
2016.4 ~ 2017.4

번역가 생활을 일본 워킹홀리데이와 함께 시작한 현 7년 차 일본어 번역가. 일본어를 배운 게 오로지 게임의, 게임에 의한, 게임을 위한 것이었기에 게임 밖 현실의 일본에서 살아가는 것은 생각보다 힘겨웠다. 아르바이트 면접에서 수도 없이 떨어졌고 겨우 합격한 아르바이트도 번역가 생활과 겸하느라 매일 우당탕 정신이 없었다. 에너지 드링크를 HP 회복 포션처럼 들이켜는 것은 기본이고 매일 녹초가 돼서 곯아떨어지기 바빴다. 하지만 그 모든 시간이 좋았고 사랑스러웠다. 지금은 일본에서의 추억을 간직한 채 출판 번역과 산업 번역 분야에서 활약하고 있다.

블로그 https://blog.naver.com/soall416
이메일 nahyeon.ko@gmail.com
인스타 nahyeon.ko

먹고 덕질하고 일하라

고나현

"너는 일본어를 참 잘하는구나."

지금 생각해 보면 일본어를 열심히 공부하게 등을 밀어준 건 그 말이었던 것 같다.

동기는 좋아하는 게임을 반드시 하고야 말겠다는, 학생으로서는 다소 불건전한 것이었지만 말이다. 그 불건전한 동기 덕분에 고2 외국어 선택 수업을 일본어로 정한 뒤 1학년 겨울 방학 때 죽어라 히라가나와 가타카나를 외워서 갔다. 첫 수업에서 배워야 할 걸 이미 알고 있었던 셈이다. 그렇게 부지런히 예습한 덕에 다른 학생들보다 일본어를 잘했고, 당시 선생님이 鉛筆(えんぴつ, 연필)이라는 단어를 읽은 걸 칭찬해 주시면서 한 말이 위의 말이다.

선생님은 모르셨겠지만 그 당시 나는 전자 남친(연애하는 게임의 2D 캐릭터를 의미)과의 불건전(?)한 2D 연애를 즐기고 있었다. 우리 사이에는 언어의 벽이 있었고 난 그 벽을 무식하게 일본어를 배움으로써 부숴버렸다. 하지만 '일본어를 잘한다'라는 말을 들은 순간, 남들보다 열정적인 연애 시뮬레이션 게임 오타쿠(덕후)일 뿐인 내가 잘하는 게 있다는 사실이 순수하게 기뻤다.

그렇게 선생님의 말씀이 박차를 가해 일본어를 죽어라 파다가 정신을 차리고 보니 JLPT 1급을 손에 들고 있었다. 또 눈을 감았다 떠보니 번역가가 되어 있었다. 또다시 눈을 감았다 떠보니 이번에는 일본의 따가운 햇빛 아래에서 캐리어를 질질 끌며 최애(가장 사랑하는)와 (게임 속에서) 함께 갔던 카페를 찾아가고 있었다.

그 누구도 그냥 선택 수업에서 일본어를 좀 잘하던 애가 일본어 번역가가 되어 있을 줄, 일본에서 살게 될 줄 몰랐을 거다. 우선 나부터 몰랐다.

거주했던 지역은 오사카와 도쿄 두 곳이고 방문한 여행지는 오사카, 히메지, 아와지, 돗토리, 고베, 교토, 도쿄, 사이타마, 지바, 요코하마, 가마쿠라, 에노시마, 나고야 총 열세 곳이다. 워킹홀리데이 기간에 번역한 책은 소설 열일곱 권.

이상하다? 워킹홀리데이면 1년이고 1년은 열두 달인데 왜 열일곱 권이지? 그것은 번밀레(번역가와 에밀레종을 합친 신조어로 번역가를 같이 넣어서 만들었다는 뜻)로빅에 실명할 길이 없을 것 같다.

운명 같은 기회

워킹홀리데이 비자에 지원했던 2015년 당시, 나에게는 멀쩡히 다니던 직장이 있었다. 어릴 적부터 책을 좋아해서 서점

63

에 지원했다가 홀랑 붙어버린 것이다. 그렇게 운 좋게 서점에서 일하게 되었고 생각했다. 아, 어쩌면 여기가 평생직장이 될지도 모르겠다고. 그만큼 일이 잘 맞았고 같이 일하는 동료들도 잘해주었다.

아예 힘들지 않았던 건 아니다. 원래 눈물이 많아서 정말 많이 울었고 하루하루가 놀랄 일들뿐이었다. 겨울이면 연세가 있으신 손님들이 실내외 온도 차 때문에 혈압 문제로 기절해서 구급차에 실려 가는 일이 자주 생기고, 봉툿값을 받는다고 한참을 따지는 손님에게서 다른 손님이 멋지게 구해주신 적도 있었다. 갑자기 내 사진을 찍다가 경찰서로 끌려간 남자 손님도 있었다. 이유는 '한국인은 사진 찍는 거 좋아하잖아요! 그래서 찍어준 건데!'였다. 참고로 생판 남이었다. 나는 사진 찍는 것도 안 좋아한다. 이렇게 사건 사고가 공존했지만 서점에서 일하는 것 자체가 너무 행복했다.

하지만 매장직이다 보니 기본적으로 하는 일이 똑같았다. 매일 출근해서 손님을 응대하고 퇴근하는 패턴이 반복되었다. 점점 자신감이 사라지기 시작했다. 60세까지 여기서 일한다고 치면 몇십 년을 이렇게 살아야 하는데 그게 가능할까?

그러던 차에 꼭 가고 싶었던 일본 워킹홀리데이의 제한에

꽉 차는 나이를 맞았다. 선택의 갈림길에 서서 매일 출퇴근하며 고민에 고민을 거듭했다.

'올해를 넘기면 나는 워킹홀리데이를 신청할 수 없는 나이가 된다. 이 해를 그냥 보내고 나는 정말 후회하지 않을까? 인생을 돌아보면서 역시 그때 갈 걸 그랬다고 슬퍼하지 않을까? 하지만 내가 매일 보는 이 하늘을 포기할 수 있을까? 정말 이 하늘 아래가 아닌 곳에서 잘 지낼 수 있을까?'

결론은 후회하고 싶지 않다였다. 하지만 직장을 그만두고 준비할 용기까지는 나지 않았다. 그래서 붙으면 가고 떨어지면 가지 말자! 단순히 그렇게 생각했다. 그리고 홀랑 붙어버림으로써 오히려 당황하며 급하게 떠날 준비를 하기 시작했다.

그렇게 2015년 11월 4분기 워킹홀리데이 비자에 합격하고 2016년 4월쯤 떠날 것을 염두에 두고 준비하던 중, 우연히 한 공고를 보게 된다. 평소 즐겨 보던 장르 소설의 공식 블로그를 이웃으로 추가해 두었는데 거기서 번역가를 구한다는 공고를 올린 것이다. 어쩌면 이 '홀랑'이 내 인생 대표 단어일지도 모르겠다. 설마 되겠어? 하는 마음으로 여기에 지원했고 또 홀랑 붙어버렸다. 심지어 하나도 아니고 두 곳이나.

번역가 일을 하려면 출판사에서 주는 책을 받아서 작업해야 한다. 하지만 내가 일본으로 가버리면 그게 불가능하니까 작업도 할 수 없다. 워킹홀리데이와 번역가, 둘 다 포기할 수 없었다.

'사정을 설명하고 일본에서 직접 책을 구해서 작업하겠다고 해보자.'

그렇게 굳은 결심으로 메일 창을 열게 된다. 다행히 두 출판사 모두 허락해 주셨다. 내가 워킹홀리데이로 가는 곳이 '일본'이었기에 가능한 일이었다.

일본에서의 아르바이트 생활

일본에서 사는 건 엄밀히 따지면 두 번째였다. 대학생 때 방학을 이용해 짧게 한 달 동안 어학연수를 다녀온 적이 있다. 그렇게 잠깐 살다가 오는 게 아니고 나만의 공간에서 여행까지 즐기며 새로운 생활을 시작한다는 게 너무나도 설레었다. 하지만 설렘은 잠깐, 집 찾기부터 식사, 돈, 모든 문제를 나 혼자 해결해야 한다는 현실이 닥쳐들었다. 시간이 지나면서 퇴직금이 빠른 속도로 마이너스가 되었고 서둘러 아르바이트를 찾아야 했다.

그런데 아르바이트 면접에 계속 떨어졌다. 편의점이나 카페 같은 곳이 무난했을 텐데, 여기서도 서점에 지원했다가 '한자를 못 쓴다'라는 이유로 탈락했다. 누가 덕후 아니랄까 봐.

대체로 장기로 일할 사람을 원해서 이 이유로도 계속 탈락했다. 면접 때마다 너무 정직하게 반년 후에 일주일 정도 한국에 있다가 올 예정이라고 말한 게 패인일지도 모르겠다.

나중에 같이 일하는 동료들에게 물어보니 그렇게 말하고 영영 안 온 사람이 꽤 있어서 그런 거 아니냐고 했다…. 참고로 내가 도토루 커피에서 일한 3개월이라는 그 짧은 기간에도 적응에 실패해 한국으로 돌아간 아르바이트생이 있었다. 뭐, 내가 떨어진 자세한 이유는 면접관만이 알리라.

그렇게 탈락의 고배를 마시다가 겨우 일본의 유명 프랜차이즈 커피숍인 도토루 커피에 합격했을 때는 감사한 마음에 점장님께 말 그대로 폴더인사를 드릴 정도였다. 한국인을 많이 채용한 곳이어서 한국인 동료도 많았다. 그러나 건물이 3층짜리여서 체력적으로 힘들었다. 게다가 일본에서 일하는 것은 처음이었기에 잘해야 한다는 정신적인 압박마저 느꼈다.

이럴 때 힘이 되어준 것은 동료였다. 서점 아르바이트 면접에서 탈락했던 이유가 그랬듯 난 한자를 못 써서 인명이나 회사명을 한자로 써야 하는 영수증 발급을 할 수 없었다. 그럴 때마다 한 걸음 앞으로 나서준 일본 동료들이 얼마나 듬직했는지 모른다.

근무했던 곳은 오사카의 신사이바시 쪽이어서 외국인들도 꽤 왔는데 한국인 관광객이 오면 나나 다른 한국인 아르바이트생이 응대했다. 이게 나를 뽑은 이유였다. 카페 정규 교육 과정에 영어가 있어서 기본적인 영어도 공부해서 영어권도 어느 정도는 대처했다. 한국어, 영어, 일본어까지 3개 국어가 가능한 나름 듬직한(?) 점포였는데, 우리 모두 중국인 앞에서 와르르 무너졌다.

중국인들은 와도 영어를 잘 쓰지 않았고 그렇다고 일본어를 쓰는 것도 아니었다. 어느 날은 매장에 들어와서 계속 중국어로 무슨 말을 하는데 우리 모두 못 알아들으니까 답답하다는 듯 화를 내며 나가버린 손님이 있었다. 영어나 일본어, 한국어로 무슨 일이시냐고 물었는데 이해를 못 한 듯했다. 일본인 동료가 "방금 뭐였어?"라고 물었지만 나인들 알겠는가. 중국어라고는 백날 이얼싼(1, 2, 3) 세어 본 게 다인데.

아르바이트 아래 하나가 된 우리는 제법 죽이 잘 맞았다.

도토루 커피는 근무 시작 전에 근무 시의 마음가짐 같은 걸 복창해야 한다. 아르바이트하는 우리가 이용하는 스태프 룸은 점장실 바로 옆이었고 따로 약속한 것도 아닌데 점장님이 계실 때는 쩌렁쩌렁하게 복창했지만 안 계실 때는 흐지부지, 아니, 아예 안 할 때도 있었다. 그건 나도 같았다.

수공예를 좋아해서 종종 매장에서 수공예 강습을 하던 남자분, 아들이 있지만 놀라울 정도로 동안인 아주머니, 슈퍼에 갔다 오는 길에 만나서 걸어간다니까 자전거가 있음에도 나와 함께 걸어준 여자분, 가수가 꿈이었던 고등학생, 밴드를 결성해서 종종 지방에 공연하러 가기도 했던 20대 청년, 건축과지만 건축은 아직 배우지 못했다며 밝게 웃던 대학 새내기, 깐깐하지만 힘들어하던 나에게 소중한 말을 해준 대학생. 국적은 다르지만 다 내 소중한 동료였다.

다들 정말 좋은 사람이라서 내 시답지 않은 농담에도 잘 어울려 주었다. 아르바이트생이 새로 들어와서 짐장님이 인사하라고 단체 그룹 방에 글을 올렸을 때, 반쯤 장난으로 '안녕하세요, 한국어를 잘하는 한국인입니다'라고 보냈는데 이런 반응이 돌아왔다.

'안녕하세요, 명예 오사카인입니다'

'안녕하세요, ○○ 구에 사는 한국인입니다'

'안녕하세요, 일본에 사는 토종 일본인입니다'

토종 일본인을 보고 정말 기절할 것처럼 웃었던 기억이 난다.

위에서 '한국어를 잘하는 한국인'이라고 했듯 솔직히 내 일본어 회화 실력은 원어민 뺨치도록 뛰어나다고 할 수준은 못 되었지만, 동료들과 함께 일하고 대화하며 너무 즐거운 아르바이트 생활을 했다.

어느 날 걸레로 바닥을 열심히 밀고 있는데 걸레가 너무 낡아서 오히려 바닥을 밀수록 뭐가 굴러다녔다. 먼지와 마찰로 인해 해진 걸레 조각이 뭉친 것이었다. 그걸 보고 '아, 이거 너덜너덜하네요. 이거 자체가 쓰레기 같다'라고 하면서 어깨를 으쓱했더니 다들 웃었다. 그러면서 하는 말이 애초에 이렇게 바닥을 열심히 미는 사람은 나밖에 없단다.

"다들 청소 안 해요?"

"아니, 하기는 하는데 점장님 안 보시면 대충 하지."

그때 배신감을 조금 느꼈다. 나한테 대충 해도 된다고 알려준 사람이 없었기 때문이다.

점장님도 좋은 분이셨다. 다만 일에 관해서는 아주 단호한

분이셔서 내가 잘하면 당근을 주고 못 하면 채찍을 날렸다. 물론 진짜 그렇다는 게 아니라 비유다.

내가 일을 잘 못 하는 날이면 'できてない(못해)!'라고 직설적으로 말씀하셨다. 그러다가 잘하면 '今日はできるじゃん(오늘은 잘하잖아~)'라고 칭찬해 주셨고 말이다. 100번 못 한다는 말을 들어도 1번 잘한다는 말을 들으면 이상하게 웃음이 났다. 다만 칭찬할 때면 늘 다음 말은 이거였다.

"그럼 내일은 다른 걸 배워볼까?"

그 칭찬이 다음 것을 가르치기 위한 전 단계이었음을 알았을 때의 심정이란. 참고로 나는 계산대 앞에 5일 만에 섰다. 대학생 때 커피숍에서 일해본 경험은 있지만 외국에서 일하는 건 이번 생에서 처음인데!

5일 만에 계산대에 섰을 때는 네이버에서 '도토루 레지 며칠 만에', '도토루 아르바이트', '도토루 레지'를 다 검색해 봤을 정도였다. 새로운 일을 앞에 두고 두려운 마음이 강했기 때문이다. 그래서 이런 일도 있었다.

"고, 내일은 다른 거 배워볼까?"

"아니요!"

"뭐라고?"

나도 모르게 '아니요!'라고 한국어를 써버린 것이다.

"아니요는 안 된다는 뜻입니다… 아, 깜짝이야."

"나야말로 놀랐어."

점장님은 의욕이 무척 강한 분이셔서 나에게 이것저것 가르치고 싶어 하셨고, 어느 날 우연히 길이 겹쳐서 같이 걷게 된 일이 있었는데 그때도 나에게 많은 걸 알려주셨다. 도토루를 지점별로 가리키면서 지점별 비하인드 스토리(뒷이야기)를 들려주신 것이다. 이 지점은 얼마 전에 새로 리모델링을 했고 저 지점은 점장이 나와 지인이고, 뭐 이런 식으로 말이다.

오사카 사람은 말이 조금 빠른 편이라서 다 알아듣기는 힘들었지만 열심히 고개를 끄덕이면서 이렇게 생각했다. 이게 직업병이구나…. 그만큼 도토루에 애정이 많은 분이었던 거 같다. 신상품이 나오면 소개해 줘야 한다면서 꼭 팔고 남는 건 시식하게 해주셨다. 고된 일을 마치고 땀에 전 상태에서 먹는 케이크의 맛은 정말이지 꿀맛이었다. 나에게 소중한 추억을 많이 준 동료들과 점장님을 평생 잊지 못할 것이다.

일본인 손님들은 내가 외국인임을 금방 알아봤다. 그렇다고 뭐가 특별히 달라지는 건 아니었다. 손님들은 그저 목을 축일 달콤하고도 자극적인 카페인이 필요했고 나는 주머니를

축일 달콤하고도 자극적인 돈이 필요했기에 지극히 사무적인 (?) 관계였다. 우리의 의사소통은 주로 내가 계산대(레지)에 서면 이뤄졌지만 매장에 있을 때도 종종 대화할 일이 생겼다.

어느 날 한참 날 빤히 바라보더니 갑자기 발음이 너무 좋다며 칭찬해 주신 여자 손님이 있었다. 또 어느 날은 마감한다고 안내하러 갔더니 나에게 한국어로 '고마워'라고 말한 남자 손님도 있었다. 그런 날이면 하루가 특별해지는 느낌이었다.

라면을 좋아해서 일본 라면집에 자주 갔는데 그중 요리하시는 직원분이 나를 기억하셨는지 내가 가면 꼬박꼬박 'いつもありがとうございます(늘 감사합니다)'라는 인사로 맞아줬다. 그게 너무 좋아서 내가 얼굴을 외운 손님들에게는 방긋 웃으면서 'いつもありがとうございます'라고 했더니 뜻밖의 일이 있었다. 할아버지 손님께서 갑자기 나에게 악수를 청하시는 거였다. 그날 이후로 할아버지 손님은 나를 볼 때마다 악수를 청하셨고 나도 매번 그분을 '늘 감사합니다'라는 인사로 맞았다. 내가 누군가에게 기억되었다는 사실이 기뻤던 것처럼 이분도 그랬던 게 아닐까? 지금 생각해도 자연스레 웃음이 나는 이야기다.

물론 힘들기도 했다. 앞서 말했듯 건물이 3층짜리라서 부족한 재료를 챙기러 3층 창고까지 뛰어가길 반복했고 2층에 있는 재떨이와 잔을 치우기 위해 수도 없이 2층에 올라가야 했다. 엘리베이터가 있었지만 일하는 중에 어떻게 엘리베이터를 이용하겠는가. 게다가 이때의 나는 번역 일을 병행하고 있었다. 몇 시간만 자고 마감을 치고 나왔더니 펼쳐지는 계단의 향연, 정말 속으로 울부짖으면서 계단을 올랐던 것 같다.

너무 힘들 때는 편의점에서 에너지 드링크를 사서 게임 내에서 마시면 체력이 회복되는 'HP 회복 포션(체력이 떨어졌을 때 마시면 체력이 회복되는 약물)'처럼 들이켜고 비장하게 다시 일에 임했던 기억이 난다.

계단에서 넘어진 적도 있었다. 음식을 시킨 손님이 좀처럼 오지 않아서 핫도그와 음료를 들고 2층까지 찾으러 갔는데 없어서 내려오던 길에 발을 헛디뎌서 넘어졌던 걸로 기억한다. 근무 중에 넘어진 거니 도토루에서 병원비 지원을 해준다길래 혹시 몰라서 병원에 갔다. 의료보험에 가입한 상태여서 진료비는 3천 엔 정도 나왔고 처방받은 약은 4백 엔가량이었다. 후에 도토루에서 돈을 다시 입금해 주면서 실질적으로 낸 비용은 제로였다. 이런 후속 대처가 매우 좋았다. 그 와중에 아르바이트 동료들이 하도 나를 걱정하길래 이런 농담을 하기도 했다.

"저는 괜찮은데… 제가 핫도그를 죽였어요."

그만큼 도토루라는 곳의 대처에 안심했다는 뜻이다.

이렇게 나에게 많은 추억을 남긴 아르바이트는 내가 도쿄로 가게 되면서 그만두게 되었다. 사실 끝까지 투잡 중이라는 사실을 비밀로 했기에 다들 내가 왜 그렇게 체력적으로 힘들어하는지 몰랐을 거다. 왜 비밀로 했냐 하면 내가 번역하는 장르가 특별했기 때문이었다.

TL 소설을 아시나요?

TL 소설, TL은 Teen's Love의 약칭이다. 일본에서는 10대도 볼 수 있을 만큼 가벼운 '성애' 묘사가 들어가는 작품을 TL물이라고 칭한다. 일본에서는 10대도 볼 수 있는지 몰라도 우리나라에서는 10대가 웬 말인가! 반드시 미성년자 관람 불가 딱지가 붙어야만 출간할 수 있다. 쉽게 말하자면 야한 로맨스 소설이라고 할 수 있겠다. 어느 날 동료가 '나 사실 야한 소설을 번역하고 있어'라고 커밍아웃하면 적잖게 당황하지 않을까? 그게 내가 투잡을 투잡이라고 말하지 못한 이유였다.

번역가로 첫걸음을 뗄 당시 찾은 두 출판사 모두 '성인물에 거부감이 없는 TL 소설 번역가'를 요구했기에 TL 소설을 발판 삼아 번역 일을 시작하게 되었다.

경력이 7년 차가 된 지금 알게 된 사실이지만, TL 소설 번역의 단가는 일반 소설 번역 단가보다 매우 낮다. 일반적인 소설보다 라이트노벨 번역 단가가 낮은데 TL 소설 번역의 단가는 그것보다 더 낮다. 대충 일반 소설의 3분의 1 정도라고 보면 될 거 같다. 게다가 성인물이니 경력자가 잘 나서지 않았을 테고 초보자인 나에게 기회가 돌아온 것이겠지.

거의 최저 비용을 받고 일한 셈이지만 그래도 기회를 얻게 된 게 너무 행복했다. 어쨌든 내 이름이 역자 란에 적히는 책을 낼 수 있다는 사실이 기뻤다. 거기에 나는 한 우물을 파는 덕후가 아니라 여러 우물을 파는 덕후였고 이 살짝 야한 로맨스 소설에도 푹 빠져 있었다.

일본으로 가기 전부터 이 (서점이 직장이었음에도 직장에서는 사지 못한) 치명적인 소설에 중독되어 있던 나는, 각 출판사에서 내는 TL 소설을 창간작부터 구매해서 열심히 독파한 다음 작품의 재미와 캐릭터성, 스토리성을 비교한 리뷰를 매달 꾸준히 올렸었다. 아직도 블로그에 출판사 별로 세밀하게 정리해 놓은 TL 소설 리뷰가 남아 있는데 그렇게까지 한 사람은 지금

봐도 나밖에 없다. 그래서인지 번역가 계약을 할 때 이런 말도 들었다.

"그…, 리뷰 많이 쓰신 분 맞으시죠? 저도 봤거든요. 지원하셔서 반가웠어요."

아무튼 이런 사정으로 차마 번역하는 작품에 관해 직장에도, 아르바이트하는 곳에도 말할 수 없었던 내 앞을 커다란 벽 하나가 막아섰다. 출판사가 일본에 가서 번역해도 된다고 허락했을 때 '책을 현지에서 사서 작업하겠다'라고 했는데, 한마디로 이 표지와 제목이 야한 작품을 직접 구해야 했다.

처음에는 무식하게 난바의 대형 서점으로 돌진해서 책을 달라고 요구했다. 그러나 당시 TL 소설은 일본 현지에서는 매달 한 출판사에서만 두세 권이 나오고 레이블도 다섯 가지 이상은 될 만큼 많이 발간되었다. 당연히 서점에서 전부 구비하고 있지 않았다.

"저기… 이거 주실래요?"

그렇게 조심스레 물어봐도 꼭 직원은 책 제목을 복창했다. 이건 오사카에서나 도쿄에서나 똑같았다. 세상에, 전국적으로 복창 교육을 하나 보다. 혹시 도토루 아르바이트를 하다 온 사람들인가? 시간이 지나니 거기에 적응하는 대신 책을 조

77

달할 다른 방법을 찾기에 이르렀다. 만다라케나 K-BOOKS 같은 굿즈 혹은 동인지를 중고로 파는 매장에도 TL 소설 코너가 작게 있어서 찾는 책이 있는 경우에는 그곳에서 샀다. 가격도 본래 가격의 절반가였고 작업을 하기에 큰 흠이 있는 것도 아니어서 꽤 오래 그 방법을 이용했다.

그러나 어느 날 생필품을 사러 들어간 아마존에서 무심코 이것저것 검색했다가 놀라운 사실을 알게 된다. 아마존은 중고 서적을 최저 1엔에 팔고 있었다. 배송비가 붙긴 하지만 찾는 책이 여럿 있다면 한꺼번에 배송시키면 아무리 따져 봐도 오프라인 중고 매물을 구매하는 것보다 쌌다. 게다가 수치 플레이를 당하지 않아도 된다! 만약 과거의 나를 만날 수 있다면 아마존을 강력하게 추천할 것이다.

일본에서의 번역가 생활 (집이 내 직장)

반년 동안 오사카에서 생활한 뒤 도쿄 네리마구라는 곳으로 이사했다. 사실 오사카에서는 거의 집에 붙어 있지 않아서 집에 정이 별로 안 들었는데 네리마구는 내 마음의 고향이라고 부를 정도로 집과 동네에 깊게 정이 들었다. 집에서 번역가 일을 하면서 먹고살았기 때문이다.

가장 가까운 역이 가미이구사역이었는데 도자이선 다카다노바바역에서 세이부 철도 신주쿠선을 타고 여덟 역을 가야 했다. 그렇게 도심과는 조금 거리가 있어서인지 근처에 도토루 커피가 없었다. 그래서 도쿄에 있는 동안에는 새로운 아르바이트를 찾지 않았다. 다행히 번역하는 언어가 일본어고 소설이다 보니 만화처럼 책을 보낼 필요는 없고 번역본만 한국 출판사에 메일을 보내는 방식으로 진행할 수 있었다.

오사카도 그랬지만 도쿄에서도 셰어하우스에서 생활했는데 이곳은 남녀가 혼성으로 살았고 한국인이 나를 포함해 세명에 대만인 하나, 일본인이 네 명 있었다. 미용 일을 하는 인싸력이 느껴지는 한국인 남자분, 회사 일로 바빠서 자주 얘기도 못 해본 한국인 남자분과 일본인 여자분, 종종 직장 동료를 집에 초대해 우아하게 티타임을 가지던 일본인 여자분(미리 셰어메이트들에게 누가 온다고 양해를 미리 구하기 때문에 알 수 있었다), 늘 외국어를 공부하는 글로벌한 일본인 남자분, 만화가 어시스턴트(조수)인 일본인 남성분, 알고 보니 나와 같은 연애 시뮬레이션 게임(여성향 게임) 오타쿠에 게임 회사에 근무하는 대만인 여성분까지. 다들 재미있는 사람이었다.

그중 만화가 어시스턴트 남성분이 기억에 많이 남는다.

처음 집에 왔을 때, 자꾸 누가 새벽에 돌아다니는 소리가 들렸는데 그 남성분이 새벽 작업을 하는 소리였다. 애초에 나도 그 시간에 깨어 있어서 소리를 들은 것이었기에 내심 동지 의식을 가졌다. 다른 셰어메이트들은 그분이 작업한 만화를 내가 안다고 말하면 분명 기뻐할 거라고 했다.

그러나 정작 인사를 하면서 내가 안다고 했더니 그 사람은 기겁하면서 어떻게 아는 거냐고 반응했다. 생각해 보니 그 사람이 작업했다는 만화는 속된 말로 하면 '섹드립'이 많이 들어가는 만화였다. 성인물을 번역하기 때문에 번역 일에 관해 자세히 설명할 수 없었던 내가 오버랩되면서 이 사람을 깊게 이해했다. (조금 웃기고 슬픈 이야기지만 말이다)

이런 사람 좋은 셰어메이트들에게 내 직업을 밝히게 된 건 '환영회' 때문이었다. 새로운 룸메이트도 왔으니 친목 도모를 위해 환영회를 열자는 내용이 라인 단체 그룹 방에 올라왔는데 정작 난 마감 때문에 도저히 참여할 수가 없는 상태였다.

"죄송해요! 저는 마감이 있어서 도저히 갈 수가 없어요."

나를 환영하는 자리인데 내가 빠진다고 하니 그 얘기는 흐지부지됐었다. 그때 번역하던 작품명을 아직도 기억하는 걸 봐서는 어지간히 아쉬웠던 모양이다. 집에서 일하는데도 그렇게 마감에 쫓기며 바쁘게 살았다.

또 집이 직장이다 보니 한번은 이런 일이 있었다. 집에 택배가 오거나 누가 오면 늘 집에 있는 내가 주로 상대하게 됐는데, 초인종이 울려서 나가 보니 웬 사복을 입은 남자분이 서 있는 거다. 그래서 누구시냐고 물었더니 남자는 적잖게 화가 난 얼굴로 ○○호실에 사는 A 씨를 만나러 왔다고 했다.

처음에는 이런저런 생각이 들었다. 혹시 형사인가? 셰어메이트가 범죄에 말려든 건가? A 씨를 부르려고 했지만 그 사람은 1층에 사는 사람이었고, 2층 주민이던 내가 내려올 때까지 아무도 반응하지 않은 걸 봐선 1층이 모두 비어 있는 듯했다. 부재중인 것 같다고 했더니 남자는 노골적으로 인상을 찌푸리면서 우체통을 힐끔힐끔 살피기 시작했다.

그때부터 이 사람이 형사나 공공기관에서 나온 사람이 아니라는 걸 느낀 것 같다. 남자가 A 씨 여기 안 사냐고 꼬치꼬치 캐묻기 시작했고 두려워져서 문을 두드리고 A 씨 이름을 불렀지만 반응이 없다는 것을 확인시켜 주었다. 그제야 납득하는 듯했던 남자는 A 씨가 언제 들어오고 언제 나가냐고, 여기 진짜 사는 거 맞냐고 계속 따지듯이 물었다. 모른다고 했다가는 왠지 대문 앞에 눌러앉을 기세라서 대충 답하고 돌려 보냈다. 그러고는 A 씨에게 연락했다.

"저기, 웬 남자분이 오셔서 A 씨 어디 있냐고 찾던데 아는 분이에요?"

"네? 찾아올 사람이 없는데요."

"하지만 계속 몇 시에 오고 몇 시에 나가냐고 캐물었어요."

"아, 아아! 누군지 알겠다!"

알고 보니 A 씨가 옥션으로 옷을 팔았는데 그걸 무슨 사정에서인지 환불해 달라고 쫓아온 사람이라는 듯했다. 너무 진상이라서 연락을 무시해 버렸더니 보낸 사람 란에 적힌 주소를 보고 찾아온 거 같다고 했다. 보통 중고로 산 물품에 하자가 있거나 마음에 안 든다고 집까지 쫓아오나? 난 그 사람이 또 오는 것 아니냐고 전전긍긍했지만 정작 A 씨는 쿨하게 설마 또 오겠냐고 무시해 버렸다. 당연하다. 집에 있는 건 주로 나니까 당하는 사람은 나다! 그러나 걱정과 달리 다행히 남자는 다시 오지 않았고 나도 무사히(?) 귀국하는 날까지 셰어하우스에서 잘 생활했다.

불건전한(?) 직업, 건전한 생활

매일 자는 시간이 다르고 일어나는 시간이 다르긴 했지만 나름대로 무척 규칙적으로 살았다. 내 워킹홀리데이에는 세 가지 규칙이 있었는데 첫 번째, 하루 한 번씩은 꼭 외출할 것. 두 번째, 최대한 많은 사람에게 먼저 다가가서 이야기할 것. 세 번째, 구매하기 전 3번씩 생각하며 계획성 있는 소비하기였다. 그중 첫 번째와 세 번째 규칙은 슈퍼에서 하루치 먹을 거리만 사는 방식으로 달성했다. 먹을거리가 없으니 꼬박꼬박 나가서 식재료를 조달해야 했다.

물론 가끔 외식도 했다. 소고기덮밥 체인점인 마쓰야에 주로 갔었는데, 원래 젊은 아가씨는 마쓰야 같은 가게에서 혼자 밥을 먹는 경우가 드물다고 한다. 하지만 나는 외국인이니까 괜찮겠지 싶어서 마쓰야를 애용했다. 특히 밤을 새우고 먹는 마쓰야의 아침 정식은 지금도 그리울 정도다. 하도 아침 정식에 두부(ひやゃっこ, 히야얏코) 추가한 걸 많이 먹어서 아마 직원이 나만 보이면 두부를 꺼내고 있지 않았을까 싶다.

그렇게 아침을 먹고 슬슬 산책을 즐기다 보면 인근의 애니메이션 회사가 보인다. 이사 온 후에 알게 된 것이지만 가미이구사는 애니메이션 회사가 있는, 덕후와 밀접한 연관이 있는 역이었다. 결코 알고 온 게 아니었는데 보이지 않는 힘이 나를 이쪽으로 데려온 걸지도 모르겠다.

아침 산책을 하다 보면 불이 켜진 애니메이션 회사가 보였다. 저녁 산책을 하거나 종종 새벽 산책도 했는데 그때도 회사를 지나쳐 가곤 했다. 보지도 못한 사람들에게 동질감을 느꼈다.

나 역시 새벽에 작업하는 일이 잦아서 종종 새벽에 돌아다니고, 아침에 돌아다니는 날은 주로 밤을 새웠을 때였다. 집에 있는 또 다른 새벽 마감의 저주를 받은 셰어메이트도 그렇고, 정말 열심히 사는 사람들이 많구나 싶었다. 자기 일에 열정이나 애정이 없으면 그렇게 밤을 새워가며 작업하지도 않을 것이다. 적어도 나는 그랬다.

대만인 셰어메이트도 그랬다. 어느 날 3시까지 번역 작업을 하고 지쳐서 공용 세면대에서 양치 중인데 뒤에서 웬 사람 그림자가 보이는 게 아닌가. 화들짝 놀라서 뒤를 돌아보니 같은 층 주민인 대만인 셰어메이트가 흐느적거리면서 계단을 올라오는 게 보였다.

"지금 집에 온 거예요? 괜찮아요?"

무의식중에 괜찮냐고 물었더니 돌아온 답이 가관이었다.

"그냥…, 죽고 싶어."

"안 괜찮구나…. 얼른 들어가서 쉬어요."

게임 회사에서 일하는 대만인 셰어메이트는 그 후로도 종종 늦은 시간에 귀가했다. 단체 그룹 방에 게임 사전등록을 부탁해서 해주면서 응원한 적도 있었다. 타국에서 일본으로 와서 (농담이겠지만) 죽고 싶어질 정도로 힘들어하면서도 자기가 참여한 작품을 사랑하는 마음으로 셰어메이트들에게 홍보하는 그녀가 너무 아름다워 보였다.

그렇게 정든 집도 미리 끊어둔 비행기표 때문에 예정대로 나와야 했다. 짐을 다 부치고 정리하고 이불 시트를 빨아두고, 이제 정말 몸만 나오면 되는 상태여서 아련하게 방을 둘러보고 있는데 바닥에 뭔가 하얀 종잇조각이 있었다.

자세히 보니 내가 번역했던 작품에 꽂혀 있던 우리아게 카드(売上カ-ド)였다. 일본 원서를 사면 종잇조각이 껴 있는 것을 볼 수 있는데 그건 책을 관리할 때 쓰는 종이다. 흔히 도서명, 출판사, 출판 일자, 관리번호, 가격 등이 적혀 있는데 서점은 이걸 회수해서 판매량을 정리하거나 추가 주문하는 데 쓴다.

'농락당한 순정'

(약간 제목을 변경하기는 했지만) 그때 떨어져 있던 책 제목이 이랬다. 집을 빼기 위한 서류 작성을 위해 부동산 직원분이 대

기 중이셨는데, 그분이 보신다? 생각만 해도 아찔했다. 농락당하는 건 순정 하나면 충분하다. 내 인생마저 농락당하기 전에 잽싸게 주웠다. 홍길동은 자기 아버지를 아버지라고 부르지 못했는데 나는 내 번역작을 번역작이라고 부르지 못하는 고길동이었다.

이렇게 여러 웃기고 슬픈 상황을 연출한 번역작들인데, 오사카에서 살 때나 도쿄에서 살 때나 마감을 단 한 번도 어기지 않았다. 그건 지금까지도 내 자랑이자 자긍심이다.

일본에서 거주한 건 1년에 불과했지만 열일곱 권의 책을 번역했고 수없이 많은 사람을 만났으며 많은 곳을 여행했다. 일본에서 경험하고 얻어온 것이 이제껏 살아온 몇십 년의 인생에서 얻은 것과 맞먹거나 혹은 그 이상으로 크다고 자부한다. 그만큼 나에게는 소중한 기억이다.

글을 맺으며

일본에서의 생활은 이면적이었다. 불행하면서도 너무나도 행복했다. 아르바이트 면접에 무려 10번을 넘게 떨어졌을 때는 '칠전팔기라더니 이건 그 이상이잖아!' 하고 절망했다.

번역가로서 정착하기도 부단히 힘든 환경이었다. 앞서 말했듯 출판사에서 책을 받아야 작업이 가능한데다가 책에 작업을 해서 돌려줘야 하는 때도 있다 보니 현지에서 책을 조달하는 것만으로는 완벽히 해결할 수가 없다.

출판사마다 작업방식이 조금씩 다르긴 하지만, 보통은 만화책의 말풍선에 1, 2, 3처럼 번호를 매긴 뒤 그 번호에 맞춰 워드 프로그램에 번역문을 기입하기 때문이다. 그래야 어떤 대사를 번역했는지 정확히 알 수 있다. 이게 내가 다시 일본으로 가지 못한 이유 중 하나이기도 하다. 그리고 초보 번역가가 쥘 수 있는 돈은 정말 소액이기에 늘 돈을 계획적으로 자린고비처럼 아껴가며 써야 했다. 그 모든 생활이 지금 돌이켜 보면 소중한 추억이다.

A 캐릭터가 수중에 돈이 없어서 교통기관을 이용하는 대신 걸어간 이유를 알 수 있다. B 캐릭터가 새해를 맞으며 마신 감주의 맛을 알 수 있다. C 캐릭터가 왜 수요일에 영화를 보러 가서 '싸다'라고 했는지 알 수 있다. 수요일은 레이디스데이라 여자들은 일반 가격보다 영화를 싸게 볼 수 있다. 일본 만화나 게임, 책에 나오는 캐릭터들이 왜 이런 반응을 보이는지 일본에서 살았기에 조금이나마 더 깊게 이해할 수 있다.

일본에서의 생활은 번역가인 나에게 확실히 플러스가 되어

주었다. 만화 번역뿐만 아니라 산업 번역을 할 때도 일본의 지명 같은 것을 예전보다 잘 알게 되어 지금도 관광 번역 등을 할 때 유용하다.

워킹홀리데이 당시에는 계약한 번역 업체가 단 두 곳인 새내기 번역가였지만 그 번역 이력과 일본에서 살았던 경력을 당당하게 적어 냈고 지금은 열 곳이 넘는 번역 업체와 함께 일하는 7년 차 중고(?) 번역가가 되었다. 일본에서 살았던 경험은 득이 되면 득이 되었지 실이 되진 않았겠지.

일본에서 생활하고 돈 버는 기회를 얻었다는 건 나에게 큰 행운이었다. 만약 시간을 되돌려 힘든 일도 겪게 될 것이란 걸 알고 시작하더라도 나는 다시 일본행을 택할 것이다. 그렇지 않았다면 매일 같은 시간에 서점에 출근해 같은 일을 하고 같은 시간에 퇴근하는 쳇바퀴 같은 생활을 하고 있었을 테니까. 내가 했던 일과 직장 생활도 좋아했지만 인생이 너무 단조롭지 않은가.

일본이라는 새로운 환경에서 많은 사람을 만났고 다양한 경험을 했다. 일본에 관해 많이 배웠다. 이것만으로도 내 인생의 1년이라는 귀중한 시간을 투자한 값어치를 느낀다.

먹고 덕질하고 일하라! 일본에는 그 모든 것이 있었다.

일본에 살면서
필요하다고 생각한 것들

고나현

일본에서 일한 기간이 길지는 않다 보니 생활면에서 물질의 필요성을 느끼는 경우가 많았다. 워킹홀리데이 초창기에 정해둔 규칙대로 필요한 건 3번씩 생각해 보고 식료품도 하루에 쓸 만큼만 사다 보니 작은 에코백이 있으면 도움이 되었다. 요즘은 환경을 위해 일회용품 사용이 점점 제한되고 있으니 더더욱 필요하지 않을까 한다.

사실 내가 살았던 2016~2017년에는 일본에 이런 법률이 없다 보니 처음에는 뭣도 모르고 주는 대로 덥석덥석 일회용 비닐봉지를 받아왔고 그걸 쓰레기봉투로 써야겠다고 생각했다. 그런데 나중에 오사카에서 도쿄로 이사 갈 때 서랍장 한 칸을 꽉 채운 비닐봉지들을 타지 않는 쓰레기로 분류해서 버리게 되었다. 그때부터 작은 에코백을 필수로 들고 다닌 것 같다. 편의점 같은 곳에서 뭘 사면 봉투 없이 그냥 주셔도 된다고 말하는 게 그 당시에는 조금 특이해 보였을 수 있지만…. 일본도 환경문제에 예외는 아닌지, 2022년 4월부터 일회용 플라스틱 사용을 제한하는 플라스틱 자원 순환법을 시행한다는 모양이다.

물질적인 것 이외라면 문화 차이를 받아들이는 마음이 필요할 것 같다. 특히 タメ口(타메구치) 문화! 오사카에서 아르바

이트하던 당시에는 20대 후반의 어리지 않은 나이였는데, 나이를 불문하고 나에게 초면부터 반말을 쓰는 사람이 꽤 많았다. 갓 성인이 되었다는 아이가 나에게 반말을 썼을 때는 매우 낯선 느낌을 받았던 거 같다. 그래서 그 경험담을 지인에게 얘기해 보니 이런 말이 돌아왔다. 상대에게 말을 편하게 하는 일본의 타메구치와 한국의 반말은 인식과 개념이 다르며, 절대 상대가 외국인이라고 널 얕잡아 보거나 차별하는 게 아니라고 말이다.

과거의 나에게 말해줄 수 있다면 말해주고 싶다. 아무리 가까운 나라라고 할지라도 생활하면서 문화의 차이를 느낄 수 있으니 너무 놀라지도 당황하지도 말라고. 아무래도 일본에서 일하며 사는 것이 1회 차(처음)이다 보니 어쩔 수 없었던 것 같다.

일하다 힘들 때 한 것들

새로운 것 보기를 무척 좋아해서 그런지 힘들다 싶을 때는 산책을 하러 갔다. 마감이 코앞에 닥쳤는데 끝이 보이지 않는 막막한 상황일 때, 도토루에서 샌드위치 파트를 맡게 됐는데 (도토루는 계산대 담당, 청소 담당, 샌드위치 혹은 음료 담당처럼 담당 구역이 나

ᄂ다) 그날따라 샌드위치 재료가 부족해서 재료 준비부터 새로 해야 할 때. 솔직히 그냥 어디 머리를 박고 기절해 버리고 싶은 상황이었다. 그럴 때면 일을 마치고 잠깐 동네를 걸었다. 가깝게는 내가 살던 가미이구사역 부근을, 멀게는 세 정거장 떨어진 동네까지 걸었다.

또 골목이 너무 어둡거나 위험한 시간대가 아니면 모르는 길을 택해서 갔다. 그러면 꼭 놀이공원에 있는 거대한 미로 속에 있는 기분이 들었다. 아는 길을 찾거나 집까지 갈 수 있는 역을 찾으면 미로 탈출 성공이다.

늘 산책 전에 어제는 왼쪽으로 갔으니 오늘은 오른쪽으로 가보자, 예쁜 카페에서 커피를 사 오자, 이 동네 이름이 예쁘니 여기 가보자! 같은 목표를 정해두고 길을 나섰다. 이제 와 생각해 보면 그런 작은 목표를 달성하면서 성취감을 느낀 게 아니었을까. 그 성취감이 나에게 많은 위안이 되어주었다.

일하면서 찾았던 좋아하는 곳

전생에 어디 내륙지방에서 태어나 평생 바다도 못 보고 자란 사람처럼 바다가 좋다고 말하고 다닌다. 바다와 야경을 정말 좋아해서 일이 끝나면 쪼르르 달려가서 바다를 보곤 했다.

특히 오사카에서 일할 때는 고베의 유명한 상업 시설 모자이크 앞에 있는 항구에 앉아서 선박들이 오가는 모습을 가만히 보기만 해도 꽤 힐링이 됐다.

오사카와 고베는 거리가 있다 보니 난바와 신사이바시에 더 자주 갔다. 난바와 신사이바시 사이의 긴 상점가는 관광 서적에도 자주 등장하는 유명 장소라 볼거리도 많고 오사카에서 가장 유명한 인증샷 명소인 구리코 네온도 있다. 나는 난바와 신사이바시의 북오프를 즐겨 찾았다. 이름은 '북'오프지만, 게임 소프트나 중고 옷 등도 판매하는 곳이라 갈 때마다 새로운 것을 발견하는 재미가 쏠쏠했다. 신사이바시의 도토루에서 일하다 보니 퇴근 후에 슬슬 걸으면서 한 곳씩 정복했다.

도쿄에서 번역 일만 하던 동안에는 역시 바다가 있는 요코하마를 자주 찾았었다. 특히 조노하나 파크 쪽에서 보는 요코하마의 야경을 정말 좋아했다. 이름도 귀엽지 않은가? 코끼리 코(조노하나) 파크라니.

도쿄에서는 집에서 일하다 보니 내가 사는 네리마구를 정말 좋아했다. 집이 있는 가미이구사역은 도토루는 없지만 로봇 동상이 있고, 로봇 그림이 그려진 셔터가 있는 가게들이 있었다. 자판기에도 이름은 들어본 순정 만화 그림이 그려져 있는 그런 동네였다. 애니메이션 회사가 여럿 있기 때문이다.

아침에 산책하러 나가면 오랫동안 한자리를 지킨 듯한 샌드위치 가게도 있고 말로만 들어보던 막과자 가게도 있었다. 돈을 아끼다 보니 자주 가진 못했지만 도쿄를 떠나던 날 아침으로 그 전통 있어 보이는 샌드위치 가게의 프루트 샌드위치를 먹었다.

예전에 잠깐 일본인을 대상으로 한국어를 가르치는 봉사활동을 했었는데, 그때 만난 아주머니에게 '네리마구는 제 마음의 고향이에요'를 시전했다가 고향이 참 소박하다는 말을 들었다. 하지만 좋아하는 라면 가게가 있고 작은 소품 가게도 있고 커피숍보다 애니메이션 회사가 더 많아 보이는 네리마구의 가미이구사가 정말 좋았다. 누가 뭐라 해도 네리마구는 내 고향 같은 곳이다.

도쿄의 파란 하늘은
내 꿈과 닮아있었다

스하루

도쿄 & 교토

2010.3 ~ (현재)

인생 계획은 물론 여행 계획도 세워본 적 없는 즉흥적인 마인드의 소유자로 하고 싶은 것을, 하고 싶을 때, 하고 싶은 만큼 마음껏 하며 살아가는 중이다. 뭔가에 한 번 빠지면 질릴 때까지 해야 직성이 풀리는데 일본에서의 생활은 도저히 질리지 않아 유학하러 왔다가 그대로 눌러앉아 버렸다. 정반대의 성격을 가진 일본인 남편과 운명적으로 만나 스이, 하쿠, 루이 세 명의 아들을 키우며 매일 고군분투 중인 워킹맘이다. 일과 육아만으로 충분히 바쁜데 항상 뭔가를 하고 싶어진다. 어제는 제빵과 뜨개질을 했고 오늘은 데생과 게임을 했다. 내일은 뭐 할지 생각하는 것만으로도 벌써 즐거워진다.

블랙 기업 탈출기

스하루

프롤로그

"교수님, 저 내정 받았어요!"

아침 인사 대신 내뱉은 말에 교수님의 얼굴에는 슬쩍 놀라움이 비쳤다. 학과 내에서 가장 먼저 내정을 받은 학생이 출석 일수도 학점도 간당간당했던 나였기 때문이다.

"정말이니? 뭐 하는 곳인데?"

"IT(정보통신) 업계 회사예요."

내 대답에 교수님은 의아한 표정을 지으셨다. 굳이 고등학교를 졸업하자마자 일본으로 유학을 와서, 예술대학에 입학해 4년 동안 영상 디자인을 공부해 놓고는 뜬금없이 IT 회사라니, 어찌 보면 당연한 반응이었다.

어릴 적부터 만화 그리기와 애니메이션 만들기를 좋아하던 나는 결국 2D의 성지인 일본에 유학을 왔지만, 막상 하다 보니 취미와 직업은 따로 두는 게 내 행복을 위한 길이다 싶어 대학교 졸업을 전환점으로 업계 전향을 꿈꾸게 되었다. 같은 대학의 다른 한국인 유학생들은 십중팔구 귀국을 택했지만, 한국에서의 취직은 전공에 영향을 많이 받기 때문에 업계 전향은 불가능에 가까웠고 내겐 학벌주의인 한국의 취업시장에서 살아남을 만한 특별한 스펙도 없었다.

일본에 유학을 오게 된 계기도 이와 비슷했다. 공부는 중상 위권이었지만, 좋아하는 과목과 싫어하는 과목이 점수로 분명하게 드러났기에 상위권 대학교에 들어갈 만큼의 성적이 못됐다. 공부보다는 그림이 좋았고 치열한 경쟁이 싫었기에 오른 유학길이었다.

그렇게 온 일본에서의 조용하고 느린 삶은 18년간 '빨리빨리'를 추구하는 한국 문화에서 살아온 나의 심신에 여유로움과 평온함을 안겨주었고 남의 눈을 의식하지 않고 자유로울 수 있었다. 대학교 3학년을 끝마칠 무렵 일본에 터전을 잡기로 결심했다. 따라서 회사의 내정은 나의 새로운 터전 잡기 첫걸음이나 다름없었다.

교수님의 궁금증을 풀어드리기 위해 내정 받은 회사와 취업 경위에 대해 말씀드렸다. 오사카에서 열린 공동기업설명회에 갔다가 마지막으로 들른 회사의 설명회에서 미경험자라도 6개월간의 연수를 수료하면 즉시 대기업에 파견되이 시스템엔지니어로 활약할 수 있다는 이야기를 듣고 면접을 본 후 즉석에서 내정 받은 이야기, 그리고 정사원으로 취업하는 것이어서 외국인으로서 가장 걸림돌인 비자 취득에도 문제가 없다는 이야기들을 말이다.

교수님은 겉으론 축하한다고 하셨지만, 얼굴에는 왜인지 걱정이 드리워져 있는 듯 보였다. 같은 한국인으로서, 그리고 4년 동안 가르친 담당 교수로서, 그저 어미 새가 아기 새를 떠나보내는 심정이겠거니 하고 멋대로 생각했다.

그때까지만 해도 내정을 받았다는 사실 하나만으로 나 자신이 충분히 자랑스러웠고, 드디어 경제적으로 자립을 할 수 있게 되었다는 사실에 몹시 흥분해 있었다. 내 앞날에 펼쳐질 길이 비록 꽃길은 아닐지언정 진흙 길도 아닐 것이라 믿어 의심치 않았다. 22살의 나는 참 순진했고, 또 멍청했다.

입사하기 전엔 몰랐지

내정을 받고 나서 약 한 달 뒤 연수가 시작되었다. 6개월간 토요일, 일요일 이틀을 꼬박 도쿄에 있는 본사에서 연수를 받아야 했다. 나는 교토에 살았기 때문에 매주 금요일 저녁에 버스와 신칸센을 타고 3시간에 걸쳐 도쿄역에 도착한 뒤, 근처 호텔에서 잠을 잔 후, 토요일부터 일요일까지 연수를 받고 다시 450km 떨어진 집에 돌아가기를 반복했다. 호텔비와 교통비는 회사에서 지급되었지만, 연수를 받는 시간에 대해서는 무급이었고 식비도 자비로 해결해야 했다.

연수를 받기 위해 주말 아르바이트를 그만두었던 나로서는 꽤 금전적으로 타격이 컸다. 주말은 온전히 연수에 몰두할 수밖에 없었기에 평일은 학교 수업에 졸업 과제, 시험공부까지 몰아서 해야 했고 그로 인해 항상 몸이 고단했다. 그래도 시스템 엔지니어가 되겠다는 따끈따끈한 꿈과 함께 내정 받은 90명의 회사 동기가 있었기에 즐겁게 임할 수 있었다. 무엇보다 뭐라도 하지 않으면 꼼짝없이 한국으로 돌아갈 수밖에 없다는 현실에 마음이 급했다.

연수에서는 아주 기초적인 내용을 다루었다. 인터넷이란 무엇인지, 통신이란 어떻게 이루어지는지 등 초등학교 교과서에서나 배울 법한 내용이었다. 강사의 설명을 들은 후 문제를 푸는 형식으로 진행되었는데 채점 후에 점수가 미달인 사람은 따로 불러내어 보충수업을 하기도 했고 과제도 있었다.

그렇게 약 3개월간 IT에 대한 기본적인 지식을 쌓은 후, 각자 희망하는 분야에 따라 네트워크 반과 서버 반으로 나뉘어 연수가 진행되었다. 네트워크 반에서는 시스코(Cisco) 사의 스위치와 라우터의 취급 방법을 배웠다. 일본 내 대부분의 회사에서 사용하는 네트워크 기기가 시스코 사의 것이라, 연수에서 배운 내용을 실제 업무에 바로 적용할 수 있다는 장점이 있었다.

반면, 서버 반은 그렇지 않았다. 서버는 CUI와 GUI로 우선 운영체제가 갈리고 종류와 기능도 셀 수 없이 많아서 3개월이라는 짧은 연수 기간 내에선 극히 일부 기능만 다루었다. 그래서인지 처음부터 서버 엔지니어가 되고 싶었던 나와는 달리, 사원 대부분이 네트워크 반에 가길 선호했는데, 단순히 인원수가 안 맞는다는 이유로 서버 반에 배치를 강요받는 사원도 있었다.

빡빡한 스케줄 때문이었을까, 아니면 공부할 것들이 많아서였을까. 대학교 졸업과 입사가 코앞으로 다가왔을 즈음 90명이었던 동기는 어느새 30명이 되어있었다. 입사식 당일조차 함께 입사를 약속했던 동기가 결국 사퇴를 선언하며 내게 이렇게 말했다.

"여기 블랙이다."

이 회사는 블랙 기업(ブラック企業, 노동자에게 가혹한 노동을 강요하는 악덕 기업을 의미)이고 우리는 모두 영업부 사원의 사탕발림에 속아서 들어온 것이며, 회사는 우리가 벌어들인 돈을 중간에서 갈취해 갈 거라는 말을 조심스럽게 내뱉고 동기는 떠났다. 안타깝게도 그때까지 나는 매번 세뇌하듯 진행되는 채용

담당 사원과의 면담에서 이 회사가 얼마나 사원들을 위하는 멋진 회사인지, 얼마나 복지가 좋은지에 대해 그의 말만을 철석같이 믿고 도망갈 생각조차 하지 못한 채 입사하게 되었다.

동기가 해줬던 말을 깨닫게 된 것은 영업부 사원과 함께 파견처에 계약을 위한 면담을 하러 갔을 때였다. 파견처에서 본사에 지급하는 금액은 매달 55만 엔이지만, 내가 받을 수 있는 월급은 그의 반도 안 되었다. 온갖 수당을 다 갖다 붙여도 세전 19만 엔, 세후 16만 엔(당시 한화로 약 160만 원)에 불과했다.

내가 살던 지바의 원룸은 월세가 6만 엔이었는데, 거기다 공과금, 휴대폰, 인터넷 등 생활에 필요한 요금을 내고 나면 수중엔 6만 엔 남짓이 남는다는 이야기가 되겠다. 게다가 다른 정상적인 파견회사의 경우, 기본 급여가 적더라도 잔업을 통해서 충분히 수입을 늘릴 수 있었지만, 이 회사는 1년 동안은 미나시 잔업이라고 하여 잔업수당이 이미 포함된 급여였다. 0시간 잔업을 하든 100시간 잔업을 하든 들어오는 급여는 같았다.

내 생각과 이야기가 전혀 다르다는 사실을 알게 되었을 땐 이미 발을 뺄 수가 없었다. 이제 와서 다른 회사를 찾기엔 신규 졸업자(그 해에 대학 또는 대학원 졸업 예정인 학생)만을 채용하는 일본 문화에 반하므로 불가능한 일이었고, 이미 기술 분야로 취업비자를 받았기 때문에 이 회사를 그만두게 되더라도 기술 쪽으로 당장 일을 찾지 않으면 3개월 안에 귀국해야 하는 신세였다. 즉, 이 회사가 아무리 블랙이어도 이미 입사해 버린 이상, 더 나빴으면 나빴지 더 좋은 조건의 취업처는 당시로서는 없었다. '이미 엎질러진 물, 피할 수 없으면 즐기자'라는 생각이었다. 두 번째 파견처와의 면담에서 경험 없는 신입이니 1년 동안 계약금을 월 5만엔 깎는 것을 조건으로 걸어 타협한 끝에 요코하마 미나토미라이에 위치한 일본 대기업 그룹 회사에 파견사원으로 들어가게 되었다.

어른도 괴롭힘을 당하는구나

신입사원으로 서버 기기 판매 및 설치를 담당하는 부서에 배치되어 T.K 상 밑에서 일을 배우게 되었다. T.K 상은 수학을 전공했는데 대학원을 졸업한 입사 3년 차, 27살의 여성이었다. 첫 일 주일 동안은 부서 사람들과 인사를 나눈 뒤 T.K 상의 옆자리에 앉아 지급된 컴퓨터를 설치하고 업무에 쓰이는 그룹웨어를 조작하는 방법을 배웠다. 그러다 처음으로 메일 쓰는 업무를 지시받았는데, 그제야 나는 내가 비즈니스 메일을 한 번도 써 본 적이 없다는 것을 깨달았다.

열심히 구글을 뒤져가며 내 나름대로 메일을 작성했지만, T.K 상에게 내용 확인을 부탁할 때마다 돌아오는 대답은 "다시 써."뿐, 그 어떠한 조언도 심도 있는 지적도 받을 수 없었다. 4시간이 넘도록 무엇이 문제인지도 모른 채로 한 통의 메일을 쓰고 지우기를 반복하다 보니, 나 자신이 너무도 무기력하고 초라하게 느껴졌다. 6개월이란 시간을 갈아 넣었던 연수에서는 비즈니스 메일 작성법이나 전화를 걸고 받는 방법, 그 외 매너 등에 관해서는 일절 언급하지 않았기에 배워야 한다는 것조차도 몰랐다.

자존심은 바닥을 치고, 너무 답답한 나머지 끝내 T.K 상 앞에서 눈물을 보이게 되었다. 문제점을 모르겠으니 최소한 과거의 메일을 샘플로라도 하나 줄 수 없겠냐는 내 부탁에 T.K 상은 이렇게 말했다. "흐응~ 내가 신입이었을 때도 이런 거 알려주는 사람은 없었는데?"

사람들에게 나도 당했으니 너도 당해봐야 한다는 이유로 갓 대학교를 졸업한 신입사원에게 모질게 굴다니. 하루라도 빨리 업무를 익혀 이 히스테릭한 T.K 상으로부터 독립해야겠다는 절실한 목표가 생긴 순간이었다.

그 목표에 악바리 같은 성격이 더해져 시너지효과를 일으키며 업무능력은 금방 향상되었다. 주변 사람들과도 친분이 두터워지며 숨통이 트이기 시작했지만, 나를 향한 T.K 상의 폭언은 멈출 줄을 몰랐다. 누군가가 내게 먹을거리를 나눠주거나 조금만 친절하게 대해도 "왜 김 상에게는 모두 상냥한 거야? 나에겐 그렇지 않잖아!"라며 투덜거렸고, 한국을 좋아하는 직원들과 한국에 대한 이야기꽃이 피는 날에는 나와 둘만 남아있는 자리에서 "다들 한국의 어디가 그렇게 좋다는 건지 이해가 안 가."라며 비아냥대기도 했다.

업무에서도 내가 그녀의 방식을 따르지 않거나 문제점을 짚어내면 "지금 나한테 도전하는 거야?"라며 말을 다 끝내기도 전에 씩씩거렸고, 심한 날엔 물건을 던지며 성질을 부렸다. 사사건건 나를 못 잡아먹어 안달인 그녀에게도 물론 화가 났지만, 모든 상황을 알면서도 쉬쉬할 뿐 적극적으로 나서서 말리는 사람은 없다는 사실이 나를 더 무기력하게 만들었다.

사회생활에서 가장 어려운 것은 사람 관계라 들었고, 똥은 무서워서 피하는 게 아니라 더러워서 피하는 것이라 했다. 또, 절이 싫으면 중이 떠나야 하는 법이랬다. T.K 상의 성격은 확실히 똥이나 다름없었으나 피할 수는 없었고, 중은 절을 떠날 수 있을진 모르겠으나, 내 경우 전공과 다른 일을 해서 경력이 거의 없었고 비자라는 약점에 발목이 묶여 블랙 기업을 떠날 수 있는 처지가 아니었다. 사회생활을 막 시작한 외국인 파견사원을 지켜줄 사람은 나 자신밖에 없었다.

바닷가의 모래성처럼 언제 파도에 쓸려가 버릴지 모르는 위태로운 내 마음을 지키기 위해, 남에게 상처를 주려고 안간힘을 쓰는 T.K 상의 말은 귀담아듣지 않으리라 다짐하며 하루하루를 극복해 나갔다.

성희롱과 불륜, 막장 드라마 같은 현실

IT 회사는 업계 특성상 남성 비율이 압도적으로 높다. 남초 회사에 있다 보면 역하렘물(한 명의 여자 주인공을 쟁취하기 위해 다수의 남자 주인공이 경쟁, 공존하는 연애물 장르)의 로맨스 같은 일이 생길 법도 하나, 내가 파견된 이 회사는 로맨스 대신 성희롱이 난무했다.

친한 척 다가와서는 개인 연락처를 묻는 건 귀여운 애교 수준이었다. 부부장이 주말에 놀자고 연락해왔을 때나, 자고 일어나니 팀장으로부터 46통의 메시지가 와있었을 때도, 과장이 다른 임원들과의 술자리에서 내가 술에 취해 본인의 집에 찾아왔다는 거짓말을 퍼트렸다는 걸 알았을 때도, 분노에 치가 떨렸지만 참을 수 있었다. 더 나아가, 팔뚝 살은 만지면 가슴살 같은 느낌이 난다며 갑자기 팔뚝 살을 만지거나, 서버실에 단둘이 남게 되었을 때 슬쩍 손을 쓰다듬거나, 회식 후 얼큰하게 취해서 뒤에서 허리를 감싸려고 하는 등 추잡하고 끈적대는 신체적 접촉을 해왔을 때도, 마음에 동요는 있었지만 감당할 수 있었다.

그러나 사장이나 다름없는 위치의 본부장으로부터 단둘만의 저녁 식사에서 받은 직접적인 제안은 아무리 성희롱에 면역이 있는 나여도 경악할 수밖에 없었다. 본부장은 잔업을 하던 나를 저녁을 사주겠다며 따로 불러내었고, 회사 근처에 있는 고급 레스토랑의 별실에서 코스요리를 시키며 이렇게 이야기했다.

"난 김 상처럼 어리고 예쁜데 스마트하기까지 한 사람이 너무 좋아. 게다가 일도 아주 열심히 하잖아? 파견사원인 게 너무 아까워. 나랑 친하게 지내면 김 상도 우리 회사 정사원이 될 수도 있는데 말이지."

본부장이 내게 원하는 것이 무엇인지는 단번에 알아차렸다. 단순히 말 잘 듣는 부하직원이 필요했다면 일개 파견사원인 내게 이런 식으로 제안하지는 않았을 것이기 때문이다.

어떻게 대답하느냐에 따라 불이익이 주어질 수도 있고 모르는 척 얼버무렸다가는 큰 오해를 살 수도 있었기에, 당시의 나는 "예쁘게 봐주시고 항상 챙겨주셔서 감사하고 파견사원으로서 이곳에서 일을 배울 수 있는 것만으로도 기쁩니다."라고 에둘러 거절의 표현을 했다. 식사는 조용히 끝났다.

그 이후로는 다행히 본부장으로부터 따로 연락이 오는 일은 없었지만, 내 대각선 뒷자리였던 가십거리를 좋아하는 사원에게 들은 정보로는, 본부장은 이미 수년 전에 다른 여직원에게도 비슷한 제안을 했었고, 그 여직원이 그만둘 때까지 둘의 깊은 사이는 계속되었다고 한다. 그 관계가 미혼인 남녀 사이에서 일어난 일이라면 서로 도움이 되는 거래이니 납득할 수도 있겠지만, 둘 중 하나라도 기혼 상태라면 이야기는 연애에서 불륜으로 장르가 바뀐다.

해고라는 개념이 거의 없는 오래된 일본 기업에서는 남들 하는 만큼만 하면 나이를 먹는 것만으로도 연봉이 높아지고 거기에 실력이 조금이라도 보태준다면 높은 자리까지도 올라갈 수 있다. 모두가 그런 것은 아니지만 적어도 내가 파견됐던 회사에서는 높은 직책을 가진 사람들이 본인이 대단한 사람인 것처럼 남에게 내보이고 싶어 하곤 했다. 그리고 애인을 두는 것을 자랑거리로 여기는 듯했다. 일본에서 말하는 애인이란 소위 불륜 상대를 뜻하는데, 나는 K-드라마에서나 보던 불륜을 회사에 들어와서, 그것도 바로 눈앞에서 보게 될 줄은 몰랐다.

언제였을까, 오다이바에 있는 고객처의 미팅에 참석하러 모노레일을 타고 이동하던 중, 나보다 먼저 출발했던 T.K 상과 부부장이 연인처럼 다정하게 찰싹 붙어 앉아서 손장난을 하고 노는 모습을 우연히 보게 되었다. 가끔 둘이 함께 출근하는 모습을 보긴 했지만, 24살이나 차이가 나기에 설마 불륜 관계일 거라고는 생각해 본 적이 없다. 적잖게 놀랐지만, 아내도 자식도 못 막은 사랑(?)을 그 누가 막을 수 있을까.

훗날 들은 정보로는 둘의 관계는 T.K 상이 신입사원이었던 3년 전부터 시작되어, 평소에 남을 부리기를 좋아하던 T.K 상은 부부장의 권위를 등에 업고 자기 세상처럼 지내왔다고 한다. 어린 여직원과 그렇고 그런 사이라며 자랑스럽게 떠벌려대는 부부장 덕분에 그들의 은밀한 관계는 모두가 다 아는 비밀(?)이 되어버렸고, 배후에 있는 부부장의 파와하라(パワハラ, 권력을 남용해서 괴롭힌다는 의미)가 두려워서 내가 T.K 상의 폭

언에 당할 때 나서줄 수 있는 사람이 없었단 걸 알게 되었다.

나 스스로를 돕자

계속되는 T.K 상의 괴롭힘과 성희롱에 시달리던 나는 이대로는 안 되겠다 싶은 마음에 본사에 도움을 청했지만, 아니나 다를까 개선되는 일은 없었다. 심지어 날 안타깝게 여긴 파견처 직원이 내가 처한 상황에 대해 본사 사람에게 직접 언질을 주기까지 했는데도 말이다. 블랙 기업은 괜히 블랙이라 불리는 게 아니다. 딱 한 번, 영업부 직원이 찾아와 커피를 한 잔 사주며 내 이야기를 들어주긴 했지만, 그뿐이었다. 본사 입장에선 사원 한 명을 보호하는 것보단 오랜 고객과의 계약이 끊어지지 않게 하는 것이 더 중요했을 것이다. 게다가 본부장까지 얽혀있으니 자칫하다가는 그 회사에 파견되어있는 수십 명의 밥줄이 끊길 수도 있으니 오죽했겠는가.

결국 내가 직접 파견처의 타 부서 팀장에게 현재 상황과 내가 업무에 얼마나 도움을 줄 수 있는지를 어필하며 날 고용해 줄 것을 제안했고, 감사하게도 승낙을 받았다. 그렇게 난 본사의 도움 없이 혼자의 힘으로 부서를 이동하여 끔찍한 지옥에서 벗어날 수 있었다.

새로 이동한 부서에는 모두 좋은 사람들뿐이었지만, 일이 정말 많았다. 이전 부서에서는 제시된 스펙대로 네트워크 기기의 견적을 내서 입찰하는 것이 주된 업무라 일 자체가 단순하기도 했고 들어오는 문의도 적어 업무량이 많지 않았다. 하지만 새 부서에선 시스템의 설계, 구축, 운용 및 보수까지 다 해서 담당하는 일의 범위 자체가 넓었다. 당연히 한 사람에게 주어지는 업무량도 많을 수밖에 없었다.

나는 주로 고객과의 미팅을 통해 원하는 시스템 요건에 맞춰 설계서를 작성하거나, 검증 서버를 만들어 테스트하고 프로젝트가 끝날 때까지 고객처에 상주하며 시스템을 도입하는 일을 했다. 어떨 때는 하청의 하청 신분이 되기도 했지만, 시스템 엔지니어다운 경험을 하고 싶었던 나에게는 기회가 있다는 것 자체가 고맙기만 했다. 프로젝트 하나하나가 너무도 신선했고 잃어버렸던 지식욕을 채우는 것에 맛들려 슈퍼신인이란 별명과 함께 먹고 자고 일만 하는 나날을 보내게 되었다.

지식과 경험이 쌓이는 만큼 잔업시간은 점점 늘어만 갔다. 1년간은 잔업 대가 발생하지 않는다는 노예계약은 부서 이동을 해도 유지되었던 지라, 다들 이때다 싶었는지 나를 온갖 프로젝트에 넣었다. 그 덕분에 적게는 월 80시간, 바쁜 달엔 월 140시간 서비스 잔업을 했다. 비록 기본급 이상의 돈은 못 받았지만, 돈 외에 내가 얻을 수 있는 것은 모두 얻어서 언젠 간 이곳을 꼭 떠나리라 다짐했다. 지바에서 요코하마까지 왕복 3시간 통근 전차 안에서는 자격증 취득을 위해 공부했다.

그렇게 2년 차가 되자 능력을 인정받아서 프로젝트 리더로 일하게 되었다. 내가 맡은 프로젝트는 시청, 구청 등 관공서를 고객으로 둔 것이 대부분이었기에, 시스템을 도입하러 일본 전국으로 불려 다니느라 평일엔 집에 붙어있는 시간이 거의 없었다. 출퇴근 시간을 아끼고자 파견처가 있는 요코하마로 이사까지 했는데, 막상 집이 가까워지니 막차를 놓치더라도 부담 없이 택시를 탈 수 있다는 안도감에 새벽 2시 퇴근이 일상이 되었다.

이때는 일은 가장 많았지만 동시에 가장 즐거운 시기이기도 했다. 지방 출장 가는 날이면 고독한 미식가에 빙의해 맛집 탐방을 다녔고, 일과를 끝낸 후엔 이자카야에 들러 주변에서 들려오는 샐러리맨들의 회사 이야기를 안주 삼아 혼술을 즐기곤 했다. 또, 오다와라 같은 온천지에 가는 날엔 대중온천이 딸린 호텔에 머물며 그간 쌓인 피로를 풀기도 했다.

토산품(오미야게) 가게에 들러 그 지방에서만 살 수 있는 과자를 두 손 가득 사 오고, 집으로 돌아오는 신칸센 안에서 석양이 지는 후지산을 바라보며 도시락을 까먹으면 찬밥도 그렇게 맛있을 수가 없었다.

이직을 하자, 롸잇 나우

2년 차가 끝나가던 2월의 첫날, 담당하던 구청의 서버실에서 홀로 작업을 끝내고 대기하고 있을 때였다. 느닷없이 이직이 하고 싶어졌다. 막연하게 3년 차 정도 되면 해야겠다는 생각은 하고 있었지만, 불현듯 지금의 나라면 어디든지 들어갈 수 있을 것 같다는 자신감이 넘쳤다. 그것이 나의 이직 결심 계기이다. 평소 들어가고 싶은 회사에 대해 딱히 생각해 본 적은 없었지만, 일본 대기업의 더러운(?) 실상에 지칠 대로 지친 지라 외국계 기업에 가고 싶었고 이왕이면 누구나가 다 아는, 그런 네임밸류가 있는 회사면 좋겠다 싶었다. 그래서 데이터베이스를 만드는 O사와, 운영체제를 만드는 M사 두 곳에 지원하기로 했다.

한 번 마음을 먹으면 뭐든 속전속결로 처리하길 좋아하기에, 두 회사 홈페이지에 있는 직원 채용 페이지를 통해 인사 담당자와 연락해서 쉬는 시간에 틈틈이 써 둔 이력서와 직무 경력서를 제출했고, 서류 전형에 통과되어 면접 일정을 잡았다. 평소대로 일하며 손꼽아 기다리던 O사와의 면접은 조용하고 차분한 분위기 속에서 시작되었고, 끝이 날 때쯤 이 회사는 들어갈 수 있겠다는 확신이 들었다. 면접관도 다음 면접관도 분명 나와 일하고 싶어 할 거라며 살짝 1차 면접의 통과를 귀뜸해 주었다.

O사와의 2차 면접 날을 기다리는 동시에 M사와 첫 면접을 보게 되었는데 면접 당일, 모든 것이 심상치가 않았다. 일찍 출발했는데도 전차가 지연됐고 다른 개찰구로 나와버린 탓에 길을 잃고 헤맸으며, 해결책으로 어렵게 탄 택시는 교통체증으로 거북이처럼 느렸다. 마치 누군가가 필사적으로 날 면접에 지각시키려는 것 같았다. 중간에 택시에서 내려 정장에 구두를 신은 채 뛰어서 겨우 면접 장소에 도착했다.

대기실에 앉아서 면접관을 기디리는 동안, 마시고 힘내려 샀던 비타민 음료수가 가방 안에서 쏟아져 준비해온 서류는 물론 필통과 수첩이 다 젖어버린 것을 알게 됐다. 가지고 있던 티슈로 급하게 처리는 했지만, 끈적거리는 탓에 광장히 찝찝하고 불쾌한 채로 면접을 보게 되었다.

면접관은 네 명이나 들어왔는데 4:1로 정신없이 질문 공세를 퍼부어대는 통에 머릿속은 하얘졌고, 미리 준비해 두었던 모범답안은 무용지물이 되어버렸다. 결국 '에라 모르겠다. 될 대로 돼라!' 식으로 즉석에서 꾸밈없는 답변으로 면접을 마무리 지었는데, 온갖 불행 속에서 면접 본 것치곤 의외로 느낌이 좋았다.

O사의 2차 면접까지 통과하고 M사의 2차 면접도 진행되었다. 이대로 둘 다 붙어버리면 어떡하나 혼자서 김칫국도 마셔가며 바쁘게 보냈다. 처음엔 O사 쪽에 더 마음이 기울었지만, M사와 3차까지 면접을 보는 동안 열 명도 넘는 사원들이 면접관으로 등장했고 그들과 함께 일하는 상상을 하니 즐거울 것 같았다. 결국 M사를 제1순위로 희망하게 되었다. O사의 오퍼를 잠시 보류해 두고 재빠르게 M사와 4차 면접 일정을 잡았다.

면접관 이름이 가타카나로 쓰여있길래 심상치 않다 싶었는데, 처음 대면하는 순간부터 끝날 때까지 오직 영어로 면접이 진행되었다. 영어면접이 있을 거란 이야기는 사전에 통보되지 않았기에 길 가다 물벼락 맞은 기분이었다. 면접이 끝나고 그녀는 일본인 뺨치는 능숙한 일본어로 나의 영어 능력이 어느 정도인지, 그리고 돌발적인 상황에 어떻게 대처하는지 테스트해 본 거라며 참 즐거워 보이는 얼굴로 재잘대었다.

4차 면접을 통과하고 이어지는 5차 면접에서 잡 오퍼를 받았고 기다려준 O사엔 미안했으나 역시 마음 가는 대로 M사에 입사를 결정했다. 이직을 결심한 지 딱 한 달 반 만에 일어난 일이었다.

갈 곳이 정해졌으니 회사를 그만둬야 하는데, 블랙 기업은 그만두기도 쉽지 않다. 어설픈 사유를 들며 퇴사를 선언하면 파견처와의 계약이 파기되므로 손해배상을 청구할 수 있다며 질질 끌기도 하고, 이직처가 같은 업종일 경우 입사 때 맺었던 경업피지의무규정(정해진 기간은 동종 타사에 취업하면 안 된다는 내용) 위반으로 고소하겠다고 협박하는 때도 있기 때문이다.

더 일찍 회사를 그만둔 동기도 퇴사 의사를 밝히자마자 회유책으로 끈질기게 설득하다 안 되니 갑자기 공격적으로 태세 전환을 하여 사표 내기가 쉽지 않았다고 했다. 분란 없는 빠른 퇴사를 위해 외국인이라는 신분을 이용하여 한국에 완전히 귀국하겠다는 뻔하디뻔한 핑계로 퇴사를 선언하게 되었고, 그 덕에 깔끔하게 다음 달인 4월에 퇴사가 결정되었다.

퇴사일을 바라보며 인수인계하는 동안 세 번의 송별회가

열렸다. 파견처 직원들이 모인 송별회에서 T.K 상은 내게 사죄하고 싶다고 우물쭈물하며 다가왔다.

"김 상은 그냥 파견사원일 뿐인데, 모두가 김 상에게는 친절하면서 나에겐 그렇지 않았던 것이 마음에 들지 않았어요."

사과인 듯하면서도 아닌 듯한 말이었으나, 자존심 강한 T.K 상에겐 저 말을 하는 데도 큰 노력이 필요했으리라. T.K 상은 내 손을 잡고 울었는데, 술김이었을 수도 있겠지만 흐느끼던 그 모습이 왜인지 가엽게 느껴졌다. 나는 T.K 상의 괴롭힘에 못 이겨 화장실에서 몰래 숨죽여 울던 과거의 나를 위로하고 앞으로 나아가기 위해 그녀의 사과를 받아주기로 했다.

외국계 대기업에서 살아남기

꿈만 같던 골든위크가 끝난 5월 첫 주, 24살이었던 나는 최연소 경력직 입사자로 M사에서 시스템엔지니어로 일하게 되었다. M사에 들어가게 되면 입사 첫날부터 이틀에 걸쳐 경력직으로 들어온 사람들을 대상으로 한 오리엔테이션을 하는데 입사 동기 중에는 무려 70대도 있었다. 다른 외국계 대기업에 있다가 M사의 러브콜을 받고 이직했다고 들었는데, 다른 일본 기업과는 달리 정년이 없다는 사실이 새삼 신선하게 느껴졌다.

오리엔테이션이 끝나고 내가 소속된 팀으로 이동하여 팀원들과 인사를 하고 업무에 적응할 때까지 옆에서 도움을 줄 멘토와도 만나게 되었다. 내 멘토는 1차 면접 때 면접관으로도 나왔었는데, 이 회사로 이직해서 2년 차가 되는 28살의 남성이었다. 약간 귀찮다는 표정의 과묵해 보이는 사람이었는데 의외로 꼼꼼한 성격으로, 업무 내용은 물론 회사 문화와 팀 분위기 등, 하나부터 열까지 세세하게 알려준 덕분에 빠르게 업무 개시 준비를 마칠 수 있었다.

그렇게 자신감이 충만해진 나는 본격적으로 안건을 맡게 되었다. 첫 비즈니스 메일을 작성하여 멘토에게 확인을 부탁했는데, 내 메일을 마우스 스크롤을 휙휙 내리며 대충 훑어보더니 이렇게 말했다.

"전혀 안 되겠네요."

짧지만 강하게 가슴을 후벼파는 멘토의 한마디를 늘은 순간, 예전에 있었던 T.K 상과의 악몽이 떠올랐다. 그리고 이어지는 그의 현란한 지적들. 눈물이 핑 돌았다.

너무 많은 지적에 상처를 받아서가 아니라, 하나하나 틀린 포인트를 짚어주며 이것이 왜 잘못된 건지, 어떻게 고쳐야 하는지까지 세심히 가르쳐줌에 감동을 받아서였다. 참고할 만한 메일 샘플을 전송해 주고는 혹시라도 내가 일에 대한 자신감을 상실하지 않도록 "신입이 이 정도면 잘 쓴 거예요. 내가 처음 입사했을 때 쓴 메일은 더 심했어요. 보여줄까요? 아, 삭제돼서 없네요."라며 무표정한 얼굴로 위로의 말까지 건넸다.

지난날, 비슷한 상황에서 겪었던 수모와는 너무 다른, 신입교육에 있어 거의 정석에 가까운 그의 대응에 크게 감명받았다. 훗날 내가 누군가의 멘토가 된다면 그를 롤 모델로 삼으리라 다짐했다.

입사하고 한 달이 지났을 때쯤, 말레이시아에 해외연수를 가서 전 세계 동기들과 함께 생활하며 애사심과 동지애를 다지고 돌아왔다. 나는 같은 시기 같은 팀에 배정된 T.A 상과 함께 다녀왔는데 그때까지만 해도 씩씩하던 그녀의 얼굴에서 입사 4개월이 지난 시점부터 점점 웃음기가 사라지고 있었다. 가끔 함께 점심을 먹기도 하던 사이였는데 어느새 모두를 피해 혼자 다니더니 6개월이 되자마자 갑자기 퇴사를 해버렸다.

송별회는커녕 그만두는 날까지 아무에게도 말하지 않고 조용히 사라졌는데, 나를 제외한 팀원 중 그 누구도 동요하지 않았다. 마치 그런 사람은 처음부터 존재하지 않았던 것처럼 말이다.

갑작스러운 T.A 상의 퇴사에도 지나치게 담담한 팀원들의 반응이 이해되지 않아서 멘토에게 슬쩍 물어보니, 이 회사에 입사하더라도 업무 강도와 양, 그리고 엄격한 개인 평가 시스템을 버티지 못하고 반년 이내에 자취를 감춰버리는 사람이 태반이기 때문에 팀원의 퇴사는 대수롭지 않게 생각한다는 것이다. 반복된 신입사원의 퇴사를 하도 많이 겪다 보니 T.A 상이 얼마 못 가 퇴사할 거란 건 그녀의 어두워진 얼굴빛만으로 모두가 예상했다고 한다.

T.A 상이 퇴사한 후에도 서너 명이 경력직으로 들어왔지만, 전부 얼마 못 가 소리소문없이 조용히 사라졌다. 그중 한 사람은 6개월을 일하다가 정신적으로 너무 힘들다며 1년간 병가를 냈고, 다시 돌아와서 3개월을 일하더니 홀라당 퇴사해버렸다. 그렇게 해도 이력서에는 'M사에서 2년 경력'이라고 쓸 테니 이직은 쉬웠을 거다. 참고로 가장 빨리 퇴사한 사람은 내가 입사하기 직전에 들어온 한국인 김 씨였는데, 입사후 딱 1주일 만에 그만두었다고 한다.

공부와 일을 병행해가며 밤낮없이 기술력을 키워나간 덕에 더 이상 멘토를 필요로 하지 않게 되었고, 업무실적도 순조롭게 쌓여갔다. 내가 일을 좋아하는 건지, 일이 나를 좋아하는 건지, 일은 해도 해도 끝이 보이질 않았다. 아무도 출근하지 않은 이른 새벽부터 하루를 시작해서 막차를 타고 퇴근하는 날들이 계속되었는데도 불구하고 말이다.

살살 핑계를 대고 빠져나가거나, 엄살을 부려가며 설렁설렁할 수도 있었을 테지만, 나 혼자 편해지자고 팀원들의 발목을 잡고 싶지도 않았고 빨리 스스로도 만족할 만큼 능력 있는 인재가 되고 싶었기에 나 자신을 극한까지 몰아붙이며 한계를 시험했다.

그렇게 일해도 아직 20대니 몸이 버텨줄 것이라 안일하게 생각했던 탓이었을까, 슬슬 몸에 이상이 오기 시작했다. 스트레스와 수면 부족에 시달리다 보니 이석증이 재발했고 몇 번은 출근길에 공황장애로 쓰러져서 집으로 돌아가기도 했다. 그렇게 2년이 지난 어느 날 문득 '이러다 내가 큰 병을 얻거나, 죽으면 이게 다 무슨 소용인가?' 하는 생각이 들었다.

다음 날 당장 매니저에게 면담을 신청했고 과감하게 눈앞의 승진보다는 워라밸(work-life balance, 일과 삶의 균형)을 택하겠다고 선언하며, 처리할 일을 줄여 달라고 요구했다. 매니저는 흔쾌히 승낙했고 그날 이후 하루 평균 7시간이었던 잔업시간이 전부 사라지는 기적이 일어났다.

한순간에 워라밸이 보장된 생활이 시작되자 처음엔 남들보다 뒤처질 거란 생각에 불안함도 있었다. 하지만 그것도 아주 잠시뿐, 오히려 정해진 시간에 효율적으로 일하는 방법을 터득했고 업무에도 일상생활에도 아무런 지장 없이 말 그대로 워크와 라이프가 아름답게 밸런스를 이루게 되었다.

60일 넘게 쌓였던 연차도 남의 눈치 보지 않고 쓰기 시작했고 나의 작은 움직임은 곧 팀 전체에도 긍정적인 효과를 불러일으켰다. 나는 매니저의 부탁으로 팀원들의 업무 처리 방식을 파악하여 문제점을 분석하고 업무 효율을 높이는 방법에 대하여 멘토링하기 시작했는데, 그 결과 모두의 잔업시간이 극적으로 줄어들었고 이를 높이 평가받아 현재도 팀원에게 기술과 경영 양면에서 조언해주고 있다.

다음은 뭘 할까?

'다음은 뭘 할까?'라고 하루에도 몇 번이나 생각한다. 먼 미래의 계획이 아닌, 지금 하는 일이 끝난 후에 할 일을 생각한다. 먼 나중의 일을 미리 계획해 봤자 예상치 못한 일들이 일어날 것이고, 미래의 나는 과거의 내가 세운 계획을 고분고분 따라줄 기분이 아닐 수도 있다. 그래서 즉흥적으로 다음할 일을 정하곤 한다.

일에서도 마찬가지이다. 내가 IT업계에 발을 디뎠을 때 일본 국내 회사들의 시스템은 온 프레미스(On-premise : 인프라 구축에 필요한 하드웨어, 소프트웨어를 자사에서 보유하고 운용하는 시스템의 이용 형태)가 주된 환경이었다. M사에 입사했을 때만 해도 내 업무는 온 프레미스 서버와 클라이언트를 관리하는 것이었는데, IT 기술의 눈부신 발전에 따라 클라우드(하드웨어 및 소프트웨어 리소스를 무형의 형태로 제공하는 인터넷 기반의 컴퓨팅 기술)의 안전성이 보장되었고 많은 회사가 장애 대책이나 IT 예산 절감 등의 이유로 온 프레미스 환경에서 클라우드로 이전을 검토하기 시작했다. 나 또한 온 프레미스에서 5년을 있다 보니 슬슬 몸이 근질거려왔다. '다음은 뭘 할까?' 하는 생각이 파도처럼 밀려들어 떨쳐버릴 수가 없었다. 당장 매니저와의 면담을 잡았고 익숙해지다 못해 지루해져 버린 온 프레미스를 과감히 버리고 클라우드를 다루는 부서로 뛰어들었다.

새로 시작한 업무는 클라우드상에서 모바일 기기를 관리하는 일이었다. 예를 들어 직원에게 지급된 회사용 휴대폰이

나 컴퓨터의 업데이트를 강제로 시키거나 패스워드를 몇 회 이상 틀릴 시 공장 초기화를 하도록 제어하는 것 등이 가능했다. 일이 손에 익을 무렵, 코로나바이러스가 전 세계에 퍼지게 되었고, 사람들은 외출을 꺼리게 되었다. 그로 인해 많은 회사가 재택근무 시스템을 도입하게 되었는데, 직원들에게 재택용으로 모바일과 컴퓨터를 지급함에 따라 기기를 관리하기 위한 솔루션도 필요하게 되었고, 덕분에 매출이 급상승하여 일이 끊이질 않았다.

그로부터 3년 정도가 지난 현재, 부서 규모는 내가 처음 들어왔을 때의 4배가 되었다. 일은 여전히 많지만 인원이 늘어나서 한 사람에게 돌아오는 양은 딱 적당하다. 재택근무다 보니 출퇴근 시간도 없어서 하루에 정해진 양의 일을 끝내고 나면 남은 시간을 자유롭게 쓸 수 있다. 청소기를 쓱 돌리거나 저녁밥을 준비하기도 하고 내 뒷자리에서 함께 재택근무 하는 남편과 간식을 먹기도 한다. 하루하루가 평온하다. 그리고 계속되는 평온함은 곧 지루함을 불러일으킨다.

오늘도 나는 평온함과 지루함의 중간쯤에서 '다음은 뭘 할까?' 하고 생각해 본다. 그러다 보면 또 슬슬 몸이 근질거리기 시작하겠지.

허니비

도쿄 & 오사카
2009.10 ~ (현재)

교환학생 1년, 연구생 반년, 석사 2년, 박사 3년의 짧지 않은 유학
생활 끝에 모 제조업 회사의 연구원이 된 지 6년째다. 비로소 일본
생활의 반을 학생이 아닌 사회인으로서 채운 참이다. 석사만 졸업
하면 한국으로 돌아갈 예정이었지만 석사과정 중 공부에 욕심이 생
겨 진학했다. 연구로 바쁜 와중에도 연구실에서 만난 운명의 짝지에
게 제대로 콩깍지가 씌어 박사과정 3년 동안의 도쿄~오사카 장거리
연애를 버티고 나니 일본에 눌러앉아 있었다. 언젠가 한국에서 일해
보고 싶다는 소망을 마음 한구석에 간직한 채 하루하루를 마주하는,
먹는 것에 진심인 먹생먹사 회사원이다. 소망을 현실로 만들기 위해
일본인 남편에게는 꾸준히 한국어 인풋을 시도 중이지만 아마도 긴
여정이 될 듯하다. 문부과학성 국비장학생에 관한 정보, 유학 생활,
한국어과외, 일본 생활을 소개하는 콘텐츠로 시작한 블로그는 졸업
후 오사카를 떠나서도 연애 일기, 국제결혼 일기, 요리 일기, 식집사
(식물 돌보는 집사) 일기, 여행기, 회사원 일기로 12년째 꾸준히 이
어져 오고 있다. 가장 잘나가는 콘텐츠는 의외로 집밥 기록과 일본
인 남편의 생태(!)에 관한 이야기.

블로그 https://blog.naver.com/honeybtree

민들레 홀씨의 뿌리 내리기

허니비

일본에 자리 잡기까지

시골에서 일하시는 부모님과 떨어져 도시에서 고등학교에 다녔다. 대학은 더 큰 도시로 떠나서 당시 어린 나이에도 정착이라는 걸 모르는 채, 과외 아르바이트를 하며 아등바등 살고 있었다.

대학교 2학년, 대학 생활에 회의를 느끼면서 휴학하지 않고 바깥세상을 느낄 수 있는 방법을 찾다 교환학생이라는 해답을 얻었다. 전공(바이오 분야)에는 애착이 있었기에 전공을 더 깊이 공부할 수 있는 자매결연 대학을 찾아 일본과 미국 사이에서 고민하다가 일본어를 향한 도전정신도 함께 피어올라 일본으로 결정했다.

독학으로 1년 만에 JLPT 1급을 취득하고 당시 이공계 학생을 대상으로 모집하던 제네시스(JENESYS) 장학금까지 따내 부모님 도움 없이 교환학생 유학길에 올랐다. 교환학생에 합격하고 생애 처음 여권을 만들었다. 나의 첫 해외는 유학생으로 간 일본이었다.

'절대 휴학하지 않으리라' 다짐했기에 교환학생 기간은 여유가 없었다. 현지 학생들과 같은 속도로 수업을 소화하고 최대한 학점을 많이 따서 한국으로 돌아가야만 휴학 없이 졸업

할 수 있었기에 현지 시스템에 적응하면서 공부만 해도 하루가 모자랐다. 힘들기도 했지만 최선을 다하는 하루하루가 보람차고 뿌듯했다.

지도교수님은 매우 열정적이고 세심한 분이셨다. 1년의 교환학생이 끝나갈 때쯤, '이분과 함께라면 더 공부하고 싶다'라는 생각이 들었다. 한국으로 돌아와 졸업을 준비하며 동시에 다시 일본 연구실로 돌아가기 위한 준비를 했다.

우여곡절 끝에 운 좋게도 문부과학성 국비장학생 프로그램에 합격했고 졸업 후 (휴학 없이 졸업했다!) 반년이 지나 다시 오사카대학으로 돌아갔다. 대학원 입학 초기에는 석사만 따고 한국으로 돌아가 취직할 계획이었는데 끝장을 보고 마는 성격으로 계획에도 없던 박사 진학까지 하게 되었다. 지금 돌이켜보면 딱 교환학생만, 석사까지만, 박사까지만… 했던 생각이 결국 민들레 홀씨 여정을 마치도록 만든 결정적인 계기였다.

포닥? 회사? 회사!

앞서도 언급했지만 처음 유학 생활을 시작할 때는 석사를 졸업하면 한국에서 사회생활을 할 것이라 막연히 생각했다.

그러나 인생은 역시 생각대로 흘러가지 않는다. 박사과정까지 진학하게 되면서 졸업 후의 진로가 회사에 더해 대학이라는 선택지도 생겼다.

박사과정에 들어와 네 번째 학기, 졸업까지 1년 남짓 남았을 때 진로 고민이 시작되었다. 포닥(포스트닥터. 박사 후 연구원을 지칭하는 말)을 할 것이냐, 회사에 갈 것이냐.

내면의 나와 마주해보았다. 지난날의 나는 연구를 정말 좋아했다. 하지만 '연구'라는 일련의 과정을 디자인하고 실험하고 고찰하는 '활동'을 좋아했지, 특정 테마만 줄곧 매달리고 싶지는 않았다. 그렇다면 회사로 가면 좀 더 폭넓고 다양한 연구를 할 수 있지 않겠느냐는 생각이 들었다.

교수님도 선배도 포닥을 추천하셨지만 사실 마음에 걸리는 또 다른 부분이 있었다. 바로 외국인이라는 앞으로도 변하지 않을 사실이었다. 번듯한 회사에 다니며 비자 걱정 덜 하며 살고 싶다는 마음의 외침이 들려왔다. 문부성 장학금을 받은 덕분에 유학 기간에 비자 걱정을 해 본 적은 없었다. 하지만 주변 사람들로부터 익히 비자 스트레스 이야기를 들어왔기에 앞으로 나도 비자로 스트레스를 받을지도 모른다는 두려움이 컸다. 그래, 회사로 가자! 도무지 취업이 안 되면 그때 가서 다시 진지하게 고민해보자!

운 좋게 취업 활동을 시작한 지 얼마 되지 않아 지금 다니는 회사에 취업이 되었고 남은 시간은 온전히 졸업 준비에 전념할 수 있었다.

대학마다 박사과정의 졸업 기준은 다르지만 오사카대학은 당시 일본 국내 대학 중에서도 많은 수의 논문을 요구하고 있었던지라 졸업을 1년 앞둔 시점에서 현실적으로 길게 취업 활동을 할 수 없었다. 그래서 빠른 최종 합격을 통보해준 지금 회사에 정말 감사한 마음이다. 합격 후에는 온전히 연구에만 몰두할 수 있었고, 덕분에 다시 오지 않을 학생 시절을 미련 없이 잘 마무리할 수 있었다.

연구실 생활 6년 반. 세계관이 연구실로 고정되어버렸던 나는 취업과 함께 학생 시절에 마침표를 찍고 새로운 세상의 문을 열었다.

180도 다른 생태계

졸업 후 정든 오사카를 뒤로하고 이바라키로 터전을 옮겼다. 이바라키는 일본에서도 각종 공기업, 사기업의 연구기관이 모여 있는 곳인데 내가 다니는 회사는 모 제조업 회사의 R&D센터(연구소)이다.

회사 연구소는 기능적으로 크게 두 개로 나뉘는데 하나는 이미 판매되고 있는 제품을 더 좋은 제품으로 만들기 위한 개발이 이루어지는 곳, 또 하나는 아직 세상에 존재하지 않는 제품을 기획하고 끊임없이 테스트하는 기초적인 연구가 이루어지는 곳인데 내가 일하는 곳은 후자다.

미생물을 줄곧 다루어왔던 내 경험을 살리는 테마에 배정받게 될 것이라고 최종 합격 후 안내를 받았기에 앞으로 하게 될 업무 내용은 어느 정도 예상할 수 있었다. 하지만 연구소의 실제 분위기는 어떨지, 어떤 분들이 나와 함께 일하게 될지는 알 수 없어서 처음에는 걱정 반 기대 반이었다.

짧지 않은 유학 생활을 하는 동안 일본과 한국의 문화적인 차이는 이미 많이 습득했지만 같은 일본 내에서도 회사에는 대학과 또 다른 문화가 존재했다. 가장 기억에 남는 두 가지 문화를 소개하면 '안전제일'과 '강약이 있는 생활 리듬'이다.

안전제일은 항상 강조되었다. 일본 제조업 회사가 모두 이런지는 다 다녀보지는 않아서 알 수 없지만 연구소는 연구하는 '현장'(일본에서 '현장'이라는 단어는 공장이나 공사가 이루어지는 장소를 가리킬 때 쓰는 경우가 많다. 위험할 수 있고 안전이 중요한 장소를 의미한다.) 이라며 안전이라는 말을 귀에 딱지가 앉도록 들었다. 연구 활동도 위험을 동반한다. 공장처럼 수많은 모터가 돌거나 커다란 칼날이 움직이지는 않지만 때때로 위험한 약물을 다루어야 하고 작업은 섬세해야 한다.

대학에서도 매해 안전교육을 받았지만 회사에서의 안전교육은 그 수준과 정도가 달랐다. 안전을 이유로 무려 입사하고 첫 한 달은 회사 실험실에서 할 수 있는 게 아무것도 없었다. 정확히는 연구실에서의 작업을 아예 못 하게 했다.

이미 골백번은 써왔던 장치들의 안전교육을 받고 견학하는 나날이었다. 회사 내에서라면 공장이 아닌 곳이라 할지라도 사람이 다치면 산업재해였고 대기업일수록 예민하게 굴었다. 지난 시간 대학에서 내가 어떤 스킬을 갈고 닦았건 이곳에선 그저 신입일 뿐이었다.

안전이라는 개념이 꼭 실험에만 국한되지 않는다는 사실도 놀라웠다. 문구용 커터에 손가락이 베이는 것조차도 산업재해라며 기본적으로 회사에서는 가위밖에 쓰지 못한다. 커터가 없는 건 아니었지만 커터 하나하나에 고유 관리번호가 붙어있어서 누가 언제 쓰는지 기록하고 지정된 장소에 보관하게 되어있었다.

화재 위험 때문에 소독에 필요한 토치 사용(미생물을 다루는 실

험에서는 실험기구의 국소적인 멸균을 위해 불에 그슬려 사용하는 일이 흔하다)
은 관리번호 부여 수준을 넘어 사용 전에 미리 사용계획을 제출해 허가받아야만 했다. 결국 쓰지 말라는 소리다. 대안으로 더 열심히 소독용 알코올로 닦아야 했다.

위험해서 조심히 사용하는 게 아니라 불편하더라도 사용 자체를 금지하는 방법으로 위험을 원천 차단하는 게 회사 방식이었다. 처음엔 너무 답답했는데 지금은 내 가족이 일터에서 손가락만 조금 다쳐도 싫을 것 같다는 그 마음이 이해가 간다. 그래서 신입사원들을 지도할 기회가 있으면 내가 들었던 것과 똑같이 설명한다. 설명을 들은 신입사원들은 내가 과거에 그러했듯 불편하고 답답하다는 반응이다. 하지만 나는 안다. 조금만 더 지나면 이것도 회사가 사원을 소중히 여기기에 내놓은 강경한 규칙이라는 사실을.

강약 있는 생활 리듬

연구소는 도심과 떨어져 있어서 가장 가까운 전철역에서도 회사 셔틀버스를 타고 30분은 이동해야 닿을 수 있는 곳이다. 셔틀버스는 일정한 간격이 아니라 전철 시각에 맞추어 다소 띄엄띄엄 운행되고 있다. 그렇다 보니 '몇 시 몇 분까지 일을 하고 정리 정돈을 끝내고 옷 갈아입고 버스를 타자!'라고 하루의 마무리를 염두에 두고 회사에서 일을 한다.

"당연한 것 아니야?"라고 반문하는 사람도 있겠지만 대학원 시절, 연구실에서의 내 생활 사이클은 하루의 시작과 끝의 구분마저 매우 모호했고 오히려 분석기기를 서로 쓰려 몰리는 시간대를 피해 일부러 오밤중에 실험하기 일쑤였으며, 생활 리듬이 이렇다 보니 요일 개념이 없어진 지 오래였다. (모든 대학원생이 이런 몹쓸 생활을 하는 건 아니므로 주의를 필요로 합니다)

그랬던 근 10년의 생활에서 벗어나 '하루의 끝'이라는 것이 명확히 존재하고 '주말'이라는 개념이 생겼으니 격변이 아닐 수 없었다. 강약이 있는 생활, 비로소 나에게도 인간다운(?) 생활이 가능하게 된 것이었다!

물론 저녁 늦은 시간까지 잔업 해야 하는 때도 있지만 매일매일 집으로 돌아간다는 것, 주말만큼은 일에 대해서 완전히 잊는다는 점은 여전히 나에게 큰 의미다. 지금은 한 발 더 나가 워크라이프밸런스를 당연시하는 내 모습과 비교하면 학생 때의 나는 마치 타인 같다는 느낌마저 든다.

한편으로는 과거 학업에 모든 열정을 불태웠던 내가 있었기에 지금 같은 일상의 여유를 가지게 되었다고 생각한다.

달라진 연구 활동의 알맹이

입사 1년 차 때의 일이다. 나는 학생이었을 때도 사회인이 되어서도 변함없이 연구하고 있지만, 연구를 향한 대학과 기업의 기본적인 마인드 차이가 크다는 걸 일하면서 차차 깨달았다.

요즘은 대학에서도 일부 순수학문을 제외하고는 상당히 현실성을 반영한 실리적인 연구가 많이 이루어지고 있다. 이렇듯 대학과 기업이 바라보는 방향은 비슷할지 모르나, 현실성을 추구하는 정도에 있어서는 기업과 대학 사이에 큰 간극이 존재했다.

예를 들면 지금 개발 중인 기술이 먼 미래에 실현되기를 바라는 마음은 대학도 기업도 같다. 하지만 기술의 실현에 있어서 대학은 가설증명을 위한 과정이 다소 복잡하더라도 원하는 결과에 가까워지는 데 더 의미를 둔다면, 기업은 개발 과정에 있어 사용되는 자재나 약품이 환경에 해롭지 않은지, 작업자에게 위험하지 않은지, 걸리는 공정 수를 줄일 수는 없는지 (즉, 꼭 필요한 과정인지), 개발당사자 아닌 다른 사람이 작업해도 결과물이 같은지, 이 공정을 100배, 1,000배 규모로 확대했을 때는 어떤 문제가 예상되는지 등을 매우 구체적으로 고려

하고 있었다.

학생 때 꿈꿨던 미래는 결과의 한 장면인 경우가 많았지, 결과에 도달하기까지의 과정은 깊이 생각하지 않았기에 이런 기업의 시선은 신선했다. '나만이 할 수 있는 실험'이 중요하다고 생각했는데 남이 해도 같은 결과를 낼 수 있는 실험이라니! 당시의 내겐 큰 충격이었다.

곧 입사 7년 차를 바라보는 지금, 나는 실험을 보조해주는 파견사원과 페어로 움직인다. 실험을 디자인할 때 가장 중요하게 고려하는 부분은 안전하면서도 심플한 과정, 그리고 내 의도대로 파견사원이 재현 가능한지 아닌지다.

꼼꼼히 기록을 남기고 작업하면서 어려웠던 점을 피드백 받고 다음 실험에선 어떻게 개선할지 어떤 조건을 추가해볼지 고민한다. 피드백과 개선의 끝없는 반복이다. 개인플레이에서 온전한 팀플레이로! 사회인으로서의 내가 가장 큰 변화를 겪은 점이 바로 이 부분이다.

어쩌다 보니 한국 대표

매해 700명 정도 신규 채용되는 우리 회사에서는 외국인 직원의 비율이 약 10% 정도다. 계산상으로는 매년 70여 명의 외국인이 채용된다는 뜻인데, 입사 후 전국 각지의 사업소로 흩어진다. 그러다 보니 지금 근무하는 총 300여 명 규모의 연구소에서 내가 유일한 한국인이다. 심지어 내가 입사할 당시에는 기초연구소에 외국인 사원이 배정된 것은 10년 만이라고 들었다.

내가 이러이러했다고 해서 회사 사람들이 '한국인은 다 이렇구나!'라고 생각할 리가 없다는 걸 머리로는 이해하고 있지만, 실제는 꼭 그렇지만은 않음을 알고 있다. 당장 나조차 유학 시절 수많은 국적의 유학생들과 어울리면서 어떤 한두 명의 말과 행동으로 그 나라에도 호감을 갖거나 그 반대의 경우도 있었기 때문이다.

지금 일터에서는 그 판단 대상이 나 한 명뿐이라니 은근히 부담된다. 그런 부담감이 좋은 방향으로 영향을 미친 덕분인지 지금까지는 나름 근면하게 긴장감을 가지고 직장생활 중이다.

과거 한국에서, 혹은 제3국에서 한국인과 같이 일했다는 동료들 이야기를 종종 접했다. '일 처리가 신속하다', '위아래가 깍듯해서 예의 바르다', '똑똑하다' 같은 칭찬도 있고 '빠르지만 꼼꼼하지 못하다', '나이로 딱 자르니 거리감이 느껴진다',

'수능을 위해 공부만 해서 그렇다'라는 평도 있었다. 나도 지난 10여 년간 좋든 싫든 누군가에게 이런 인상을 남겨왔겠다는 생각이 들었다.

내가 '그들의 전형적인 한국인 이미지'에 부응하지 못한 부분이 있다면 술을 잘 못 마신다는 점이다. (내 주변 외국인들에게 한국인은 술을 좋아하고 잘 마신다는 이미지가 좀 있었다) 빠르면서도 꼼꼼하고 나이에 상관없이 누구하고나 잘 지내는 건 딱 들어맞는데 술은 여전히 잘 못 마신다. 아차, 하나 빠뜨렸다. 똑똑하다? 여기에 관련해서는 노코멘트 하겠다.

앞으로의 나도 누군가에게 좋든 싫든 '한국인은 이렇더라'의 이미지에 영향을 줄 것이다. 하지만 좋은 한국인의 이미지를 만드는 것이 생활의 목표가 되지는 않도록 주의하고 있다. '이미지'를 위한 노력이 아닌 내가 매력 있는 사람이 될 수 있도록 노력하는 것이 자연스레 좋은 한국인의 이미지로 이어진다는 걸 지금은 잘 알기에.

사회인의 대학 생활

회사에 들어와 대학과의 특별한 인연도 경험했다. 연구소가 상당한 시골 외진 곳에 있다고 앞서 소개했는데 입사 후

2년 동안 도쿄에 있는 모 대학에 객원 연구원으로 파견을 나갔다. 도쿄에서도 캠퍼스가 즐비한 도쿄도 분쿄구(東京都文京区)! 연구소와 어찌나 대비되는 환경인지 도심에서 일하는 빡빡함과 동시에 도시만의 활기, 편리함이 이런 거구나 하고 느낄 수 있었다.

대학이 밀집한 곳이라 마음에 드는 좋은 서점도 많았다. 책 종류도 많고 좋은 책을 잘 큐레이션 해놓은 점도 좋았다. 특히 손 편지 같은 아날로그 감성을 좋아하는 탓에 예쁜 엽서나 카드, 문구류를 다양하게 구할 수 있어서 좋았다. 연구소에선 퇴근하면 경주마처럼 집을 향해 직진이었는데 대학에 나가 있는 동안에는 퇴근길에 샛길로 빠지는 재미가 쏠쏠했다.

퇴근길에 칸다가와(神田川, 칸다강)를 따라 걷곤 했는데 계속 따라가면 아키하바라(秋葉原)에 닿는다. 잘 알려진 대로 애니메이션과 마니아, 오타쿠를 위한 거리다. 푹 빠져 있는 애니메이션은 없지만 조그맣고 귀여운 캐릭터라면 가리지 않고 좋아해서 퇴근길에 캡슐토이(가챠가챠)를 뽑는 게 정말 즐거웠다. 원했던 장난감이 단 한 번에 뽑혔을 때의 기쁨이란!

포닥과 회사 사이에서 고민했던 시기가 있었던 만큼, 캠퍼스라는 장소에 향수를 느꼈다. 오랜만에 대학 공기를 마실 수 있어 좋았다.

어떤 해에는 직업상 필요한 지식을 더 쌓기 위해 대학에서 사회인을 대상으로 1년에 걸쳐 집중적으로 진행하는 교육 프로그램에 참여했다. 스스로 더 공부해야 한다는 자각은 있었지만 생각처럼 시간을 내기가 어려웠다. 사실은 핑계였고 노력하지 않았을 뿐이었다. 이럴 땐 억지로라도 환경을 만들어줘야 한다. 나를 잘 아는 스스로의 고육지책.

수료하면 해당 전공으로 박사과정 진학을 지원해주는 프로그램으로 일과 병행하기엔 상당한 부담이 뒤따르는 속이 꽉 찬 커리큘럼이기는 했다. 매주 강의가 있었고 특정 시기에는 주말 동안 집중 강의에 그룹 과제를 해야 하는 날도 적지 않았다. 그만두고 싶은 날도 있었지만 회사 이름을 달고 가는 이상, 이미 담근 발은 빼기 어려웠다. 기왕 하는 거 야무지게 마무리해야겠다 마음을 다잡고 결국 출석률 100%로 마무리했다.

열의를 인정받아 수료 후 지원된다는 박사과정을 추천받았다. 마치고 나면 박사학위가 무려 두 개라는 울림에 잠시 마음이 흔들렸지만 이내 예전에 경험한 박사과정의 험난한 길을 떠올리고는 미련 없이 포기했다. 사람은 망각의 동물이라더니, 하마터면 몸소 증명할 뻔했다.

이 사회인 교육프로그램은 우연히 내가 졸업한 대학에서 주최하고 있었는데 덕분에 잊지 못할 에피소드도 있었다. 어떤 날은 특별강의에 은사님이 나오셔서 혼자서 반가워 호들갑을 떨었고, 어떤 날은 그룹을 지어 직접 대학까지 가서 며칠 동안 집중적으로 실습을 하기도 했는데 마침 실습 장소가 내가 있었던 연구실 옆 건물이라 실습이 끝나면 교수님을 뵈러 연구실로 놀러 가기도 했다. 겸사겸사 연구실에서 분발하고 있는 후배들에게 밥을 사며 선배 생색도 내 보았다.

실습을 마치고 도쿄로 돌아오는 길엔 몇 년 사이 부쩍 하얘진 교수님의 머리칼을 떠올리며 내가 졸업했다는 사실을 다시금 느끼기도 했다. 대학을 떠나 회사로 가면 대학과 연관된 일은 전혀 없을 줄 알았는데 그런 기회가 있어서 기뻤다.

잠깐의 인연, 오래 남는 울림

코로나로 중단되었지만 우리 회사는 독특하게 해외에서 인턴생을 데려오는 활동을 했다. 주로 연구소에서 공동연구를 하는 대학에서 오는 학생들이었다. 영어는 젬병이지만 외국인이라는 이유로 금방 나를 비롯한 몇몇 외국인 사원들과의 모임이 자연스럽게 생겼다.

내가 초년생일 때 이미 우리 부서로 와 있던 미국인 J는 드웨인 존슨 뺨치는 덩치였는데도 애교 많고 유머러스한 성격으로 주변 사람들을 즐겁게 해주었다.

J가 배정받은 연구테마는 마침 내가 대학에서 학부생을 가르쳤던 때 했던 것과 비슷해서 멘토가 아닌데도 내가 실험을 가르치는 상황이 자주 있었다. 업무로 계속 함께 있다 보면 식사는 따로 할 법도 한데, J는 항상 나와 함께 점심을 먹었다. 어째서인지 내가 자리를 잡으면 J는 내 주변에 앉았다. 나를 따라 친한 동기들이 앉고 J를 따라 인턴 동료들이 앉으면 테이블은 금세 십여 명의 다국적 모임이 되었다.

몇 달 후, J의 송별회는 그의 요청대로 숯불고기 집에서 열렸다. 이번에도 굳이 옆에 앉겠다는 J에게 옜다 기분이다, 많이 먹으라며 고기를 신나게 구워주었다.

곧잘 맛있게 먹던 J는 이내 먹는 속도가 더뎌지더니 울먹이기 시작했다. 이윽고 어깨를 들썩이며 우는데 처음엔 웃음이 터졌다가 토닥이던 나도 이내 같이 울어버렸다. '좋은 기억 가져가는구나!', '이곳 생활은 즐거웠나 보다!' 하고 한 편으로 안심하면서.

어느 해인가 동기가 일하는 부서로 배정된 인턴 프랑스인 K는 일본인, 프랑스인 부모님 사이에서 태어났다고 했다. 일본어를 잘 알아듣기는 했지만 말하기와 쓰기는 조금 어려워하는 친구였다. 일본 제조업에 관심이 많아서 인턴 기간에 곳곳의 공장 견학을 다녔다고 했는데, 마침 나도 공장 견학에 흥미를 가지고 있던 때라 우연히 공통으로 가보지 않은 곳이 있다는 걸 알고 하루는 동행했다.

동기에게 알음알음 기본적인 K의 정보는 들었지만 거의 하루 종일 업무 이외의 목적으로 함께 있다 보니 온갖 잡담이 오갔다. 그중에서도 K가 말하기를 나의 일본어, 정확히는 간사이 사투리(오사카를 중심으로 한 관서關西지방의 사투리)가 경이롭다는 것이다.

나는 오사카 생활이 길기도 했지만 은사님이 간사이 토박이 중에서도 특히나 사투리가 심하신 편이었던데다 평소에도 말씀이 워낙 빠르기로 정평이 난 분이셨다. 그것이 싫으나 좋으나 생존을 위해 알아들어야만 했던 나의 슬픈 과거를 K가 알 리 만무했지만, 간사이 사투리 때문에 K는 내가 줄곧 일본인이라고 생각했단다. 우연히 멘토였던 동기로부터 내가 한국인이라는 걸 들었을 땐 엄청난 충격이었다고.

인턴 생활을 마치며 K가 남기고 간 내 별명은 간사이계 한국인. K는 떠났지만 덕분에 지금도 몇몇 동기의 핸드폰엔 내 이름 대신 간사이계 한국인으로 저장되어있다.

마지막으로 또 다른 해에 우리 부서로 온 네덜란드인 H. H는 위에 적은 J와 K와는 다르게 내가 직접 멘토를 맡았다. 처음에 멘토가 되면서 걱정했던 점이 있었는데 그 시즌에 온 인턴 중에 유일하게 멘토와 멘티의 전공 분야가 완벽하게 미스매치(불일치)였다.

처음 H를 가르칠 때는 내가 박사과정 때 경험한, 실험이라는 것을 처음 해 보는 학부 3학년의 실습을 돌봤던 때로 돌아간 것 같았다. 이내 당시의 기억을 살려 기초의 기초부터 알려주기 시작했다. 아니지, 거기에 회사의 안전의식을 얹어서 더 세심하게 알려줬다. 고맙게도 H는 누구보다도 열심히 그 어떤 사소한 가르침도 귀담아들어 주었다.

멘토를 했던 넉 달 동안 아침 9시가 되면 업무 시작과 함께 5분 스트레칭, 그리고 나면 곧장 나에게 와 그날 할 실험의 개요를 이야기하고 과정에 위험한 작업은 없는지 함께 확인했다. H의 멘토를 하면서 나도 많이 배웠는데 역시 질문 공세를 받으면 가르치는 쪽도 같이 성장한다. 우린 썩 괜찮은 페어였다고 지금도 생각한다.

인턴이 마무리될 즈음엔 한여름을 향해가고 있었는데 일본을 떠나기 전에 그는 일본 곳곳의 마츠리(祭り, 축제)를 즐기고 싶다고 했다. 송별회 때는 마츠리를 본격적으로 즐기기 위해 빠뜨릴 수 없다고 생각해 여름 전통의상인 진베이(甚平, 남성이나 어린아이들이 여름날에 많이 입는 일본 전통의상으로 가볍고 옷이 전체적으로 넉넉한 편이라 통풍이 잘되는 소재로 되어있어 간편한 일상복, 잠옷이나 여름 축제 때 많이 입는다)와 부채를 선물했다. 아이처럼 기뻐해 줘서 나도 기분이 좋았다.

그렇게 인턴십이 끝나고 2주쯤 지났을까, 페이스북으로 장문의 메시지가 왔다. H로부터였다. 공항에서 네덜란드로 돌아가는 비행기에 오르기 직전에 보낸 것이었다. 내가 선물한 진베이가 대활약했다며 고맙다는 말과 함께, 인턴십 동안 얼마나 즐겁게 지냈는지가 글 곳곳에 녹아 있었다.

메시지 중에서도 "당신이 매일 얼마나 바쁘게 지내는지 나는 잘 알고 있었지만, 그 와중에도 언제든 성심성의껏 나를 가르쳐 줬다는 걸 알아요. 당신이 내 멘토여서 난 운이 좋았어요. 정말 고마워요!" 이 부분을 읽고는 울고 말았다. 부족한 내가 조금 더 나은 어른이 된 듯한 뿌듯함이 차올랐다.

H와의 인연은 거기서 끝이 아니었다. 이듬해 다른 부서로 온 인턴생이 나에게 할 말이 있다고 찾아왔다. 알고 보니 그녀는 H의 학교 후배였다. H가 보낸 초콜릿 몇 상자와 함께 카드를 건네주었다. 졸업 잘하고 취업에도 성공했다며 인턴 경험이 큰 도움이 되었다는 내용이었다. 그날 어찌나 기분이 좋았는지 초콜릿을 온 부서에 나눠주면서 자랑했던 기억이 지금도 생생하다.

연구의 형태

2020년 3월의 막바지. 코로나라는 미지의 존재 때문에 모두의 예상을 넘어 우리의 일상은 심각한 상황을 향해 가고 있었다. 도쿄 모 대학에 파견 나가 있던 때였다. 휘몰아치듯 내리 몇 시간 동안 실험을 해치우고 자리로 돌아와 겨우 물을 들이켜며 집으로 돌아가기 전에 마지막으로 메일을 확인하던 중이었다. 이날은 마침 업무용 핸드폰도 자리에 두고 실험실에 박혀 있었던지라 열 통도 넘는 부재중 전화가 와 있다는 걸 그때야 깨달았다.

수도권을 비롯한 대도시를 중심으로 가까운 시일 내에 첫 긴급사태가 선언될 것이라는 뉴스가 돌고 있었다. 내가 처한 상황이 급변한 것은 도쿄 본사에서 첫 감염자가 나오면서부터였다. 회사 자체적으로 '타 현(県)에서 도쿄로의 외출 금지' 지시가 내려진 것이었다.

도쿄의 대표적 베드타운인 지바현, 사이타마현, 이바라키현에서 도쿄로 통근하는 사람들은 셀 수 없이 많았고 나도 그중 하나였다. 팀 내에서 유일하게 도쿄로 파견 나가 있는 나를 급하게 불러들여야 했기에 부장님은 불이 나도록 전화를 하신 거였다. 다시 전화를 걸었을 땐 시간이 몇 시인데 아직도 학교냐며 첫소리부터 꾸중을 들었지만 퇴근 전에 연락이 닿아 한편으론 다행이라고 하셨다. 본사 지침으로 당장 내일부터 도쿄로 나갈 수 없으니 중요한 것들을 꼭 가지고 돌아오라고 하셨다.

애써 준비한 실험을 중단하는 것도 속상한 일이었지만 당장 연구소로 돌아가 일을 하려면 들고 가야 할 짐이 잔뜩이었다. 파견 나온 지 곧 3년 차라 물건들이 상당했다. 개인적인 짐은 제쳐두고라도 기밀문서를 남김없이 회수해야 했다.

부장님의 전화를 받았을 때는 이미 밤 10시가 다 된 시각이었는데 (대학 연구실에 나와 있으니 학생 때의 나쁜 버릇이 다시 나오고 있었다!) 그때부터 짐을 박스에 넣어 포장하고 근처 편의점으로 옮겨 회사로 부치기 시작했다. 그날 정신없이 하루를 마무리하고 겨우 막차로 집에 돌아왔다.

우여곡절 끝에 연구소로 돌아온 지 일주일 남짓 지난 2020년 4월 7일, 첫 긴급사태가 선언되었다. 내 거주지는 긴급사태 선언 지역에 포함되었고 연구소는 포함되지 않았다. 긴급사태 선언 지역에 거주하는 직원들은 통근을 포함한 모든 외출을 자제하고 완전 재택근무로 전환하라는 지시가 회사에서 내려왔다. 그 누구도 코로나 사태가 이렇게 길어질지 몰랐을 것이다. 처음엔 그동안 바빠서 못 읽었던 논문을 잔뜩 읽으면서 어떤 실험을 할지 구상하는 나날이었다.

문제는 또 있었다. 코로나19가 호흡기질환이라는 점이었다. 나는 기관지가 약해 여러 번 입원을 겪으면서 세상 어떤 병보다도 감기를 경계했다. 첫 긴급사태선언 기간이 끝난 후로 내가 할 수 있는 모든 수단을 동원해 방어적으로 하루하루를 버티고 있었다. 특히 내 의지대로 되지 않는 불특정 다수의 사람 속에 끼어 있어야 하는 통근 전철 안에서 큰 피로감과 스트레스를 느꼈다. 만원 전철을 피하려고 매일 새벽 다섯시에 집을 나서서 밤늦게 돌아오는 생활은 너무 힘들었다.

그렇게 근 1년을 버텨오다 3차 유행 중이던 2021년 1월, 같은 사무실의 동료가 하나둘 코로나에 걸리기 시작하며 결단을 내려야 했다. 나는 살기 위해서 휴직을 각오하고라도 연구 활동을 쉬겠다며 면담을 요청했다. 내 이야기를 들으신 부장님께서는 설마 실험을 멈추면 할 일이 없다고 쉬라고 할 줄 알았냐고 하셨다. (정곡을 찔렀다!) 얼마나 앓다 이제야 털어놓느냐고도 물으셨다. 누가 목숨 내놓고 실험하라고 강요하느냐며, 할 수 있는 일은 실험 말고도 차고 넘치니 당장 내일부터 재택근무로 전환하자고 하셨다.

그동안 내가 스트레스를 받으면서도 연구 활동을 이어온 건 내 손으로 직접 일을 해야 한다는 책임감도 있었지만 나 스스로가 연구 말고 할 줄 아는 게 없으리라 생각했기 때문이었다. 꾸중을 듣고 나니 정신이 번쩍 들었다. 당연히 실험만이 연구라 할 수 없었다. 두려움이 냉정함을 잊게 만들고 있었다.

그렇게 재택근무(칩거 생활)가 시작되었고 2022년 3월까지 1년 넘는 기간 동안 나는 완벽하게 실험과 거리를 둔 일을 했다. 바로 특허와 마케팅이었다.

나는 기술을 만드는 연구자였고 훗날엔 그 기술을 세상에 팔아야 한다. 파는 사람이 있으면 사는 사람이 있을 것이고 사고파는 거래가 이루어지는 시장은 코로나를 계기로 격변하고 있었다. 개발 활동도 코로나로 인해 속도가 나지 않았고 제품을 운반할 물류도 멈추었다. 하지만 사람들은 생활을 이어가야 했고 위생과 관련된 수요는 폭발적으로 늘어났다.

회사가 시장에서 우위를 점하기 위해서는 특허가 중요하다. 특허는 기업이 시장에서 행사할 수 있는 권리 범위를 명시해 둔 문서로 땅으로 예를 들자면 '여기서부터 저기까지가 우리 땅입니다. 남이 함부로 들어올 수 없습니다.'를 법적으로 인정받았다는 증거다. 따라서 특허는 만들어진 기술이 시장에서 최대한 넓고 큰 권리 범위를 가질 수 있도록 기술을 보호하는 목적을 가지고 있다.

반면에 마케팅은 일반적인 정의라면 이미 팔 수 있는 물건을 어떻게 잘 팔지를 궁리하는 것인데, 연구소에서의 마케팅은 조금 달랐다. 개발 예정인 기술이 정말로 수요가 있는지, 개발할 가치가 있는지를 파악하기 위한 활동으로, 발전 가능성이 없는 시장에서 기술개발과 권리 범위를 얻기 위해 무의미한 시간과 자원을 소비하는 것을 막기 위한 목적을 가지고 있다.

지금까지 내가 해온 연구의 목적이 기술개발에 초점을 맞춘 좁은 범위에서의 연구 활동이었다면 마케팅과 특허는 기술의 존재가치를 뒷받침해 주는 넓은 범위에서의 연구 활동이었다.

새로운 일의 첫 시작은 마케팅 공부나 특허 공부가 아닌 일본어 공부였다. 한국어로 들어도 생소한 용어가 정말 많았다. 재택근무로 바뀌고 한동안은 일본어 공부로 머리가 터질 것 같은 나날이었다.

특허 마케팅의 경우는 해당 분야의 전문가나 분석가들을 대상으로 진행하는 인터뷰가 주된 업무여서 용어를 단지 머릿속에 외워두는 것만으로는 부족했다. 온전히 나의 말로 만들어 인터뷰이에게 끝없이 질문을 던지고 답을 들어야 했다.

아이러니하게도 코로나는 내가 실험을 못하게 만들었지만, 시간과 장소를 불문하고 화상회의를 통해 인터뷰를 가능하게 해주었다. 재택근무인데도 정신없이 바빴고 연구소로 출퇴근하던 때 보다 더 자주 정장을 챙겨 입어야 했다.

특허는 법적 효력을 가지고 있는 만큼 논문과는 다른 독특한 서술방식을 쓰고 있어서 적응하는데도 시간이 걸렸다. 하지만 나도 훌륭한 기술 발명을 해서 한 번쯤 특허를 내보고 싶었기에 어려운 분야지만 새로운 도전이 무척이나 새롭고 흥미로웠다.

코로나로 일상을 잃었지만 새로운 커리어를 얻었다. 1년 동안 했던 실험 외 연구 활동은 신선한 경험이었다. 기술개발에 대해 다시 고민하고 생각한 보람 있는 시간이었다.

지금은 다시 실험이 메인인 생활로 돌아왔지만 특허와 마케팅 경험이 생긴 지금은 예전보다 더 넓어진 사고방식과 유연함으로 예전의 나보다 조금 더 성장했다.

인생의 스파이스

인간관계가 마음 같지 않을 때가 있다. 한국에 살아도 있음 직한 고민인데 타국 생활은 어려울까. 모든 사람과 좋은 관계를 유지하기는 거의 불가능하다. 때로는 미움받는 용기도 필요하다고들 한다. 그렇지만 미움받을 땐 받더라도 도통 그 이유조차 알 수 없을 때는 참 답답하다. 마음에 담아두지 않고 금세 관심을 꺼버리는 사람도 있지만 나는 성격이 그렇지 못하다.

업무상 자주 얽히는 사람은 아니었지만 멀찍이나마 같은 공간에 있는 사람이었다. 일터에선 모르는 사람이라 할지라도 목례와 함께 "수고하십니다(お疲れ様です, 오츠카레사마데스)."

라는 말을 주고받는 게 일상이다.

그 사람은 내 인사는 받지 않았다. 물론 다른 사람의 인사는 받기도 했고 먼저 건네기도 하는 걸 보았다. 한두 번이 아니었기에 의도적이라는 건 확실히 느낄 수 있었다. 내 인사만 안 받는지는 알 수 없었지만 대화다운 대화조차 해본 적 없는데…. 기분이 좋지 않았다.

오피스 입구에 걸린 네임태그로 서로의 이름 정도는 알고 있었다. '한국인이라 얽히고 싶지 않았나?' 하는 피해망상도 스쳐 갔지만 한편으론 '싫어도 형식적인 인사치레 정도는 할 수 있잖아? 어른답지 못하네.'라며 절대 빼먹지 않고 먼저 인사를 건넸다. 나는 상대가 누구라도 '수고하십니다'라는 한마디 정도는 건넬 수 있는 어른이다! 라고 생각하면서.

그러던 어느 날 상사와 둘이 학회 출장을 갔다가 저녁 식사를 함께하게 되었다. 따뜻한 전골에 한 두잔 알코올이 들어가니 여러 이야기가 오갔다. 흐름은 자연스레 고민 상담 분위기가 되었고 나는 인사를 받아주지 않는 그 사람의 이야기를 꺼냈다. 그런 사람도, 더한 사람도 있다고 하시면서도 꿋꿋하게 인사를 이어가는 나를 칭찬해 주셨다. 덧붙이시기를 "그런 사람은 인생의 스파이스라고 생각해. 스파이스가 있어서 요리가 다채로워지고 악센트가 생기듯이 그런 사람들은 네 인생의 스파이스 같은 거야. 없으면 오히려 밋밋할걸?"

인간관계가 다 좋을 수 없다는 뜻의 이런 조언은 누구나 할 수 있겠지만 비유가 너무나 내 수준에 딱 맞았다. 신기하게 그 뒤로 내 인사를 받아주지 않는 그 사람에게 인사를 건네는 일이 전혀 괴롭지 않았다. 그저 오늘 하루의 한 현상으로 받아들이게 되었다.

사람과의 관계뿐만이 아니었다. 눈앞의 업무가 생각처럼 풀리지 않을 때도 일단 자리를 떠나 주스 한 잔 마시며 마음속으로 '스파이스!'라고 외치고 자리로 돌아오면 다시 일에 집중할 수 있었다. 아마 조언해주신 상사는 스파이스 조언이 이렇게까지 내 마음속에 꽂혔을 거라고는 상상도 못 하셨을 것이다. 아마도 내가 한국인이라 매운맛 조언이 딱 들어맞은 모양이다.

안타깝게도 감사 인사를 전하고 싶어도 이젠 전할 수 없는 곳에 계시지만 스파이스 조언 덕분에 오늘의 나는 어제의 나보다 조금 더 어른스럽다.

직장 밖 나의 일상

원래부터 집에 있는 것을 좋아하는 성격이다. 거기에 코로나가 큰 계기가 되어 한적한 교외에 집을 마련하면서 집에서 할 수 있는 취미활동이 예전보다 더 깊어지고 늘었다.

요리하기 좋아해서 유학 시절부터 도시락을 싸다녔다. 지금은 재택근무와 주말을 이용해 마음껏 요리 라이프를 즐기고 있다. 조그맣지만 정원에 텃밭을 만들어 조금씩 채소를 키워 먹는 재미도 쏠쏠하다.

사서 먹을 때에는 잘 몰랐는데 직접 채소를 키워보니 계절의 변화를 피부로 느낄 수 있어 좋다. 우리 집의 사계절은 봄에는 블루베리가, 여름에는 방울토마토와 깻잎이, 가을엔 무화과가, 다가올 겨울에는 온실 속의 딸기가 알려준다.

일본에는 신정(1월1일), 골든위크(5월 5일), 오봉(お盆, 8월 15일)을 전후로 일주일 남짓의 연휴가 있다. 코로나로 해외는 물론 일본 국내 여행도 여의치 않았던 탓에, 이 시기에는 일본인 남편과 합심해서 '요리로 세계여행하기' 프로젝트를 추진했다. 한국, 일본을 제외한 20개국의 요리 레시피를 찾아서 만들어 먹으며 여행 기분을 내보기도 했다. 생전 처음 듣는 조미료를 구하러 돌아다녔던 일도 재미있었다.

아이러니하게도 요리는 실험과 정말 많은 부분이 닮았다. 장소가 회사에서는 실험대, 집에서는 부엌이라는 점이 다를 뿐이다. 필요한 재료를 필요한 양만큼 꺼내 섞어주고 정해진 온도와 시간에 맞추어 열을 가하기도, 때로는 식히기도 하면서 조미료와 본 재료의 화학반응을 일으키는 점이 말이다. 심지어 느긋이 기다릴 줄 알아야 한다는 부분마저도 닮았다. 공통점이 또 있다. 내가 서 있는 곳이 실험대건 부엌이건 그 시간이 정말 즐겁다는 것이다.

오늘도 나는 일본에서 일도 하고 일상의 소소한 즐거움도 느끼는 하루를 충실히 보낸다.

순두부

도쿄

2017.3 ~ (현재)

일본이 좋아서 틈만 나면 일본 여행을 다니고 일본어 교육, 일본어 통·번역, 일본 여행 에디터 등 일본과 관련된 일을 하며 살다 인생에 한 번쯤 일본에 살며 직접 일본을 느껴보고 싶어 회사를 그만두고 워킹홀리데이로 도쿄에 오게 되었다. 1년간의 워킹홀리데이는 생각보다 짧았고 한 번 더 일본의 사계절을 느껴보고 싶어 일본에서의 취업을 결심했다. 외국계 IT 기업에서 엔지니어로 일하며 본명보다는 '순두부'라는 닉네임으로 네이버 블로그 '소녀 감성 순두부의 다락방'을 14년 동안 운영 중이다. 블로그에서는 일본에서의 일상, 일본 여행, 일본 드라마 등의 콘텐츠 리뷰, 일본 정보 등을 공유하고 있다. 앞으로도 좋아하는 일을 하면서 한 번뿐인 인생을 더 반짝반짝 빛내기 위해 살아갈 것이다. 공동 저자로 〈한 번쯤 일본에서 살아본다면〉, 〈걸스 인 도쿄〉, 〈일본에서 일하며 산다는 것〉, 〈한 번쯤 일본 워킹홀리데이〉를 썼다.

블로그 https://blog.naver.com/sunduuuubu
인스타그램 sunduuuubu
유튜브 순두부의 다락방
메일 sunduuuubu@gmail.com

문과 출신 여자,
일본 IT 회사에서 일하며 살아가기

순두부

프롤로그

"최종 면접 결과, 꼭 당사에 입사하셔서 엔지니어로서 성장해 주셨으면 합니다."

코로나 시국에 도전했던 1년간의 이직 활동의 마침표를 찍는 메일이었다. 외국계 IT 회사의 엔지니어가 되며 직무 변경에 성공했다.

사실 가장 하고 싶은 일, 좋아하는 일은 일본어 통·번역을 하거나 일본어를 가르치는 일이다. 하지만 가장 좋아하는 일을 직업으로 하면 그 일이 싫어질 수 있다. 그래서 안정적이고 나이가 들어서도 할 수 있는 엔지니어를 새로운 직업으로 선택했다. 논리적으로 사고를 하는 사람이 아니기에 주변에서는 만류했다. 33살의 나이에 직무 변경은 누가 봐도 모험이었다.

하지만 영어를 사용하는 외국계 회사라 매력이 있었고 결혼해서도 계속할 수 있는 일이라 도전하기로 결심했다. 이 글을 쓰는 지금 벌써 입사 10개월째다. 여러 국적의 직원들이 함께 일하는데 전에 다니던 회사보다 직원들이 모든 일에 더 적극적이고 회사나 상사의 눈치를 덜 보는 점이 무척 마음에 든다.

"No, No, 고 투도 톱"

이게 무슨 뜻이지? 가끔은 사소한 단어도 알아듣지 못해서 식은땀을 흘리며 일한다. 톱은 'TOP'이라는 말이었고 일본어로는 '톱뿌'라고 발음하고 한국에서는 '탑'이라고 발음한다. 같은 영어라도 국적에 따라서 발음이 다르니 다양한 나라의 영어 발음에도 익숙해져야만 한다. 그래도 이 영어가 주는 스트레스가 싫지 않다. 영어를 잘하게 되고 엔지니어 직무로 경력을 쌓으면 지금보다 더 나은 미래가 기다린다는 믿음이 있기 때문이다. 도쿄에서 생활한 지 6년. 오늘도 다양한 나라 출신의 직원들과 일하며 영어와 엔지니어 기술을 손에 넣기 위해 하루하루를 성실하게 보내고 있다.

신입사원, 퇴사하다

대학을 졸업하고 꿈꿔왔던 교육 관련 일에 종사했다. 아이들을 만나고 가르치면서 교육자의 꿈을 키워갈 수 있다는 점은 좋았다. 하지만 일이 너무 힘들었다. 출장도 많고 업무량도 많았다. 부푼 마음으로 입사했던 신입 사원의 패기와 열정은 어느새 사라져버렸다. 수당 없이 계속되는 야근, 주말 근무도 당연하게 했던 나날. 지나가던 차에 치여서 며칠만 쉬고 싶다는 마음마저 들었다. 힘들게 근무를 계속하던 중에 일본 출장을 다녀왔다. 일본 공항에 도착하고부터 일본 특유의 냄새부터 음식, 일본 사람들의 친절함, 일본 관련 일을 하고 있다는 뿌듯함은 잿빛이었던 내 마음을 꽃분홍으로 물들이기에 충분했다.

출장을 다녀온 후 무엇에 홀린 듯 일본에서 살 방법을 찾아보기 시작했다. 워킹홀리데이가 가장 적합해 보여서 바로 서류를 준비해 지원했다. 한국 나이 28살, 늦었다면 늦은 나이였지만 워킹홀리데이에 다행히 합격할 수 있었다. 일본 워킹홀리데이는 1년간의 체류 기간을 주는데 가족과 떨어져서 사는 것도 처음이어서 처음에는 1년을 다 살 자신조차 없었다. 6개월 정도만 살다 와도 후회 없을 것 같았다.

그렇게 한국에서 다닌 첫 번째 회사에서 퇴사한 후, 워킹홀리데이로 나에게 1년간의 방학을 선물하며 일본 도쿄에 첫발을 내디뎠다. 어렵게 간만큼 1년 동안 후회 없을 만큼 알찬 하루하루를 보냈다. 일본에서의 일상은 나에게 신나는 여행 같았다. 생활비를 벌기 위해 방과 후 교실에서 아이들 돌보는 일도 하고 일본어 과외, 통·번역, 한국어 강의, 콘텐츠 제작 등의 일도 했다.

일루미네이션으로 반짝이는 겨울이 오고 새로운 고민이 시작되었다. 일본에서 취업하고 더 살 것인가, 정리하고 귀국을 할 것인가 결정해야 했다. 한국 나이로 곧 29살, 한국으로 돌아가서 취업하기에는 애매한 나이였고 한국에서 겪었던 첫 회사에서의 경험이 트라우마가 되어서 버텨낼 수 있을지 자신이 없었다.

다른 남자 직원이 마셨던 머그잔을 여자 직원이 아침, 저녁으로 닦는 일 따위는 다시는 하고 싶지 않았다. 마시기 싫은 술을 억지로 마시고 싶지 않았고 당연한 듯 받았던 외모 지적도 두려웠다. 끊임없는 외모 지적에 식욕억제제까지 먹으며 주눅 들었던 그때로 돌아가고 싶지 않았다. 물론 회사마다 상황이 다르고 일본도 회사에서 같은 문제가 일어날 수 있지만 일본 사람들은 한국 회사처럼 대놓고 외모 지적은 안 할 것 같았고 아르바이트할 때도 일본 사람들과 일하며 크게 스트레스를 받지 않았기에 괜찮을 것 같았다.

한 번 더 일본에서 벚꽃을 보고 싶었다. 일본에서 보내는 사계절은 각각의 개성으로 무한한 영감과 즐거움을 주었다. 일본에서 더 살아보고 싶었다. 일본 사람들과 함께 일본 회사에서 일해보고 싶었다. 일본에서의 회사 생활은 분명 나에게

값진 경험이 될 것이라는 확신이 있었다. 그렇게 일본에서의 취업을 결심했다.

마음을 정하니 그다음은 직진이었다. 이력서와 직무경력서를 작성하고 주변 일본인 친구들에게 첨삭을 받아 가며 서류를 완성했다. 원하는 직무의 공고를 낸 회사에 지원하면서 본격적인 이직 활동을 시작했다.

오이노리(お祈り) 축제?

이직 활동 보고서

- 선고(選考, 이직 활동) 기간 : 2개월

- 총지원 회사 : 70~80개 회사

- 면접 본 횟수 : 22번

- 최종 내정 받은 회사 : 6곳

- 선고 중 스스로 포기한 회사 : 8곳

일본에서 첫 회사에 내정 받기까지의 이직 활동 내용이다. (내정은 채용내정을 의미한다. 사용자와 근로자가 근로계약 체결 합의는 하였으나, 구체적인 근로계약 체결과 근로관계의 시작은 미래에 하겠다는 의미다.)

생각보다 최종 합격까지 많은 시간이 걸렸지만 가장 가고 싶었던 기업에 최종 합격했고 무사히 내정 받았다. 정말 피가 말랐던 이직 활동이었다. 교통비를 지원해주지 않는 기업이 대부분이어서 교통비는 교통비대로 들고 면접 시간을 확보하느라 아르바이트 시간도 줄여야 했기에 그만큼 돈도 부족했으며 스트레스를 받아서 살도 많이 빠졌다.

원하는 직무를 채용하는 곳이 많지 않았고 면접관 중에는 일본에서 일할 때 '취업 비자'가 필요하다는 사실조차 모르는 사람도 있었다. 외국인을 채용할 때는 돈도 더 들고 준비해야 하는 서류가 많아서 외국인 채용을 꺼리는 회사도 적지 않았다. 70개 이상의 회사를 지원했으며 이 중에서 최종 내정을 받은 회사는 6개였다. 이 정도면 나쁜 성적은 아닌데, 가장 가고 싶었던 회사의 선고 과정이 길어져서 불합격을 대비해 계속해서 다른 곳에 지원했고 면접을 보았다.

60곳 이상의 회사에서 '오이노리(お祈り)' 메일을 받았다. '우리 회사는 불합격이지만 당신의 앞으로의 활약을 기도한다'라는 문장이 대부분의 불합격 메일에 정형문처럼 적혀 있어서, 불합격 메일을 오이노리 메일이라고 부른다. 일본의 정형화된 탈락 메일은 정말 친절하다. 앞으로의 활약을 기도해준

다는 말이 적혀 있는 정도니 상처는 크게 안 받았다.

이직 활동 기간이 계속될수록 내 자존감과 자신감은 점점 바닥으로 떨어지고 체력적으로도 지쳐갔다. 워킹홀리데이 비자의 재류 기간이 얼마 남지 않았기에 초조해졌다. 가장 원하던 회사에서 최종면접을 받으러 오라는 연락이 왔을 때는 회사에서 요구하지 않았는데도 회사 사이트를 보고 분석해서 프레젠테이션을 준비해갔다. 그렇게 결과 발표를 기다렸는데, 회사에서 갑자기 '캐쥬얼 면담'을 요구했다. 시간이 가뜩이나 촉박했는데 이렇게 또 최종 발표까지 시간이 미루어졌다.

말이 캐쥬얼 면담이지 선고 과정 중이었기에 캐쥬얼한 마음으로 면접 보러 갈 수가 없었다. 입사하게 되면 같은 일을 하게 될 회사 사람 4명과 함께 4:1로 면담했다. 일주일 후에 최종 합격 메일을 받았고 두 달간의 이직 활동에 마침표를 찍을 수 있었다.

합격했다고 기뻐할 수만도 없었다. 회사는 '신원 보증인 2명'을 내세워 달라고 요구했다. 심지어 이 2명은 일본인이어야만 했다. 아찔했다. 누가 나에게 신원 보증을 해줄 리 없었고 그렇게 부탁할 수 있는 일본인 지인도 없었다.

다행히 아르바이트를 같이한 동료의 도움으로 신원 보증인을 구할 수 있었고 회사에 사정해서 나머지 한 명은 한국에 있는 가족으로 대체할 수 있었다. 취업 비자도 급하게 준비해야 했는데 다행히 3주 만에 비자가 나왔고 5년의 재류 자격을 받을 수 있었다.

신입 사원 같은 중도 입사

벚꽃이 흐드러지게 피어 있던 날에 입사했다. 아라시의 사쿠라사케(さくら咲け)를 들으며 회사로 향했다. '사쿠라사케'라는 말은 '벚꽃이여 피어라'라는 뜻인데, 이 노래를 들을 때면 앞으로 내 인생에 꽃길만 펼쳐질 것만 같아서 중요한 시험이나 면접이 있을 때 꼭 듣는다. 예쁜 벚꽃을 보며 첫 출근길에 오르니 내가 아직 일본에 있다는 사실이 피부에 와 닿았고 기분 좋은 긴장감과 설렘이 동시에 밀려왔다.

같은 날 입사하는 동료가 운 좋게 4명이나 있었다. 나를 제외하고 모두 일본인이었다. 중도 입사여서 동기가 있을 거라고는 생각 못 했는데 동기가 있다는 사실이 든든했고 모두 좋은 사람들이었기에 금방 친해질 수 있었다. 회사 설명, 급여 설명, 개인정보 보호 관련 설명을 들었다. 갑자기 쏟아지는 수많은 일본어에 정신이 혼미해졌다.

일상생활에서는 들을 수 없는 처음 듣는 단어에 당황했지만, 모르는 내용을 다시 물어보면 그 누구도 싫은 얼굴 하지 않고 대답해 줘서 편하게 물어보며 이해할 수 있었다. 사원증 제작용 사진도 촬영하고 계약서에 여러 번 도장을 찍고 나서 소속될 부서가 있는 내 자리로 이동했다.

배정된 자리에는 사용하게 될 컴퓨터가 설치되어 있었고 정보 관련 부서에서 진행하는 컴퓨터 사용법, 주의사항, 설정할 내용 등의 설명을 들을 수 있었다. 회사 생활을 처음 하는 신입사원이라면 더 자세한 설명을 듣고 교육을 받겠지만 중도 입사였기에 "이 정도는 아시죠?"라는 분위기로 대충 넘어가는 것도 많았다.

중도 입사지만 일본 회사 근무는 처음이었고 큰 규모 기업도 처음이라 약간의 부담감을 느끼며 앞으로 공부를 더 많이 해야겠다고 생각했다. IT 회사여서 정보 관리에 민감했고 평소 컴퓨터 사용 방법에 자신이 있었는데 생각보다 모르는 것이 많았다. 일본 회사이기에 당연하지만 컴퓨터의 모든 설정이 일본어여서 적잖이 당황했다.

설명이 끝난 후에는 같은 부서 사람들에게 간단한 인사를 했다. 화기애애한 분위기도 아니었고 질문을 주고받는 것도 아니었고 정말 간단한 인사만 했다. 생각했던 것과 다른 분위기에 조금 놀랐다. IT 회사이고 고객이나 다른 회사 사람들과 만날 때가 아니면 캐주얼 복장으로 출근해도 되는 회사였기에 시끌시끌하고 활기 넘치는 밝고 상쾌한 분위기를 예상했지만 사무실에는 키보드 두드리는 소리밖에 들리지 않았다.

괜히 컴퓨터만 만지작거리고 있었는데 옆자리 동료가 점심을 먹으러 가자고 말을 건네 주어서 소수의 인원으로 점심을 먹으러 갔다. 사실 이때의 점심은 상사가 같이 있었기에 맛있게 즐기며 속 편하게 먹을 수는 없었다. 마치 면접 같은 분위기여서 일본어를 틀리지 않으려고 조심했다.

점심을 먹은 후에는 자리로 돌아와 인트라넷에 자기소개를 올렸는데 취미라든지 예전에 어떤 일을 했는지 등을 적었다. 다른 사원들이 댓글을 달아줘서 나도 댓글을 달기도 했다. 회사 사람들과의 첫 소통이었다. 경력직으로 중도 입사였지만, 포텐셜 채용(잠재적 능력을 보고 뽑는 채용)이었고 일본 회사는 처음이라 신입사원 연봉을 받고 입사했다. 작은 액수의 연봉이었지만 원하던 기업에 합격했기에 크게 개의치 않았다.

문과 여자, 일본 IT 회사에서 살아남기

앞서도 언급했지만 일본 회사에 취업하기 전에는 교육과 마케팅 관련 일을 했다. IT 회사는 처음이라 하나부터 열까지 배워야 할 것들이 가득했다. 일본어로 일해야 하는 상황도 부담이었다. 컴퓨터의 모든 설정이 일본어여서 적응하는 데 시간이 걸렸다. 윈도우에서 자주 사용하는 제어판, 그림판, 내 컴퓨터, 바탕화면 같은 기본 용어도 일본어로 무엇인지 몰라서 검색하며 찾아야 했다.

입사한 회사는 외국인 비율이 1%였고 한국인은 이 회사가 만들어진 이래 내가 첫 입사였다. 물어볼 사람도 없었고 혼자 하나하나 찾아가며 알아가야 했다. 특수문자 입력을 어떻게 하는지 몰라서 급하게 일본에서 일하는 아는 한국인 언니에게 연락해서 물어보기도 했다.

워킹홀리데이로 1년을 살아서 일본어에 자신이 있었는데 회사에서 일해보니 내 일본어 실력은 갈 길이 멀어 보였다. 존경어와 겸양어도 익혀야 했다. 고객이나 영업 쪽의 전화 대응과 메일 대응도 실제로 해보니 너무 어려웠다. 일본에서 살아가는데 일본어가 문제가 되었던 점은 별로 없다고 생각했는데 고객에게 전화가 걸려 오면 내가 지금 무슨 말을 하는지 모를 때도 있었다.

특히 나이가 있거나 사투리 쓰는 분들의 전화는 곤욕이었다. 적극적으로 전화를 받아야 회사에서 좋은 평가를 받을 수 있기에 전화는 받아야 했지만 전화벨이 울리는 것조차 무서웠다. 잘 모를 때는 정중히 말해서 다른 동료들에게 넘길 때가 있었는데 점점 다른 사람에게 의지하지 않고 내가 제대로 해결하고 싶다는 욕심이 커졌다.

외국인이니 어느 정도 다른 동료들도 이런 상황을 이해해 주었지만 언제나 제자리걸음일 수는 없었다. 같은 팀 동료들에게 내가 작성한 일본어가 문제가 없는지, 문제가 있으면 어떻게 고치는 것이 좋은지 피드백과 첨삭을 끊임없이 요청했다. 전화 대응 롤 플레이도 요청해서 같이 연습했다. 동료들이 쓰는 일본어를 따라서 쓰고 암기하면서 회사에서 쓰는 일본어를 계속해서 공부해 나갔다. 일본에서 일하며 자주 쓰는 말들을 정리해 보았다.

五月雨式で申し訳ございません。 (사미다레시키데 모우시와케 고자이마셍, 계속 보내서 귀찮게 해드려서 죄송합니다)

일본 회사에서 일하며 알게 된 가장 기억에 남는 일본어는

'五月雨式(사미다레시키)'다. 이 말은 '사물이 한 번에 끝나지 않고 끝없이 계속되는 것'을 의미한다. '五月'은 '사츠키아메'라고 읽기도 하지만, '사미다레시키'라는 말이 일반적으로 쓰인다. 사내 인트라넷에

"五月雨式で申し訳ございません。"라는 댓글이 달려있었다. 생전 처음 보는 말이었다. 옆자리 사수에게 'ごがつあめ(五月雨, 고가츠아메, 한자를 그대로 읽음)'가 무슨 말이냐고 물어봤다. 주변에 있던 동료들이 내 말을 듣고 엄청나게 웃었다. 이 말은 '사미다레시키'라고 읽는데, '메일이나 댓글을 연속으로 보내서 귀찮게 해드렸다면 죄송합니다'라는 의미로 쓰인다고 사수가 말해 주었다. 나는 '5월'이라고 생각해서 고가츠라고 읽어버렸고 그런 실수가 귀엽다고 동료들이 웃었던 것이다.

동료들에게 웃음을 줘서 기뻤지만, 마음속으로는 식은땀을 흘려야 했다. 그 이후에는 웬만하면 구글에서 검색해서 확인하고 말을 하곤 한다.

お疲れ様です。 (오츠카레사마데스, 수고하셨습니다)

정말 수도 없이 많이 사용하는 일본어 중 하나는 '오츠카레사마데스'다. '수고 많으십니다, 수고하셨습니다'라는 뜻이다.

메신저로 상대에게 말을 걸거나 사내 인트라넷을 이용해서 말을 시작하거나 메일을 보내거나 할 때 첫 시작은 '오츠카레사마데스'다. 그리고 회사 복도에서 누군가를 만나도 인사 대신 이 말을 하고 퇴근할 때도 이 말을 하면서 퇴근한다. 반말하는 사이나 윗사람이 아랫사람에게 말을 놓고 있는 상황에서는 '오츠카레사마'라고 말한다.

아침에는 '오하요우고자이마스' 라는 아침 인사를 하는데, 아침 첫인사 이후에는 쭉 오츠카레사마데스를 사용하면서 지금도 나는 오츠카레사마데스를 로봇처럼 사용하고 있다. 어떻게 보면 딱딱해 보일 수 있는데, 친구 사이에서도 말을 시작할 때 '오츠마레사마~ 내일 몇 시에 만날까?'라는 식으로 말을 시작할 때 사용한다. 오츠카레사마라는 말에 익숙해지면 일본에서 회사원으로서 적응 완료되었다고 생각한다.

~~承知いたしました。~~ (쇼우치이타시마시타, 일겠습니다)

'쇼우치이타시마시타'라고 읽고 이 말은 '알겠습니다'라는 말의 정중한 표현이다. 같은 의미의 말 '分かりました(와카리마시타)'도 있지만 보통 회사 상사와 대화하거나 다른 부서 사람들과 이야기할 때는 '쇼우치이타시마시타'라고 하는 것이

좋다. 처음에는 이 말을 몰라서 '와카리마시타'만 사용했는데, 동료들이 '쇼우치이타시마시타'라고 많이 쓰는 것을 보고 바로 따라서 사용했다. 와카리마시타도 틀린 말은 아니지만 다른 회사의 외국 국적 친구는 이것을 상사에게 지적받았다고 했다. 이런 말에 신경 쓰는 민감한 상사들도 있으니 안전하게 '쇼우치이타시마시타'를 사용하는 것이 좋다. 정중하게 하는 것이 나쁠 것은 없으니 회사에서 알겠다는 말을 사용할 때는 이 말을 쭉 사용하고 있다.

報連相 (ほうれんそう, 호렌소)

ほうれんそう(호렌소)란 報告(ほうこく, 호코쿠, 보고), 連絡(れんらく, 렌라쿠, 연락), 相談(そうだん, 소단, 상담)의 첫 글자를 딴 말로 일본 비즈니스 현장에서 중시하는 3대 요소를 의미한다. 시금치를 의미하는 菠薐草(ほうれんそう)와 동음이의어이다.

호렌소라는 말은 회사에서 끊임없이 듣는 말 중 하나다. 심지어 외국계 IT 회사인 지금 직장에서도 'HO/REN/SO'를 다국적 직원들에게 강조한다. 상사에게 바로 보고하고 연락하고 상담하기가 물론 중요하지만 지나치게 강조하는 느낌이 있어서 좋아하지 않았다.

하지만 세월이 흘러 후배가 생겼고 후배들을 관리하면서 호렌소의 중요성을 깨달았다. 마감일에 맞추지 못하면 맞추지 못할 것 같다고 미리 '보고'하고 '연락'하고 '상담'을 해줘야 일정을 조정하거나 문제가 생겼을 때 조금이라도 빠르게 대처할 수 있다.

연차가 쌓일수록 하는 일이 많아지기에 후배를 쫓아다니면서 물어보고 관리할 수 없으니 호렌소의 중요성을 더 절실히 느낀다. 지나치게 강조해서 세세하게 모든 것을 보고하고 연락하고 상담하는 것도 문제지만, 안 하는 것도 문제라는 것을 경험으로 깨달았다. 뭐든 적당히 눈치껏 잘 할 수 있어야 회사에서도 일 잘하는 사원으로 살아남을 수 있다고 생각한다.

신기한 일본 회사, 일본 사람들 - 혼자만의 시간이 중요해

일본인 친구가 몇 명 있어서 일본인에 관해 조금은 안다고 생각했는데 회사에서 만난 일본 사람들은 또 다른 인종인 것 같았다. 입사한 이후에는 대부분의 일을 스스로 알아가야 했고 모르는 것이 생기면 물어보면서 익혀야 했다. 누군가 다정하게 먼저 알려주고 챙겨주지 않는다. 사수가 있지만 하나부터 열까지 옆에 붙어서 알려주지는 않았다. 회사에 처음 발을 디딘 신입 사원이 아니기 때문이다.

점심도 알아서 먹어야 했고 다른 동료와 점심을 먹고 싶다면 미리 약속을 잡아야 했다. 입사 첫날 회사 이곳저곳을 인사팀 직원과 같이 돌면서 안내받았는데, 점심을 먹거나 휴식을 취할 수 있는 카페테리아에서 중년 남성이 혼자 도시락을 먹으며 책 읽고 있는 모습이 무척 인상 깊었다. 이제 와 생각해 보니 그 모습이 바로 일본 회사에서의 가장 자연스러운 점심시간 풍경이라는 생각이 들었다. 혼자 점심을 먹고 있다는 것, 책을 읽고 있다는 것, 이 두 가지 요소가 다 일본다웠다.

한국에서 회사에 다닐 때는 점심은 꼭 누군가와 함께 먹으러 갔고 늘 사람들과 몰려다녔다. 가끔은 점심을 먹고 싶지 않은 날도 있었는데, 밥을 안 먹고 싶어도 안 먹을 수 없을 정도로 모두와 함께 다녀야 하는 점심 문화가 솔직히 부담이었다. 점심값을 아끼려고 도시락을 싸서 회사에 다니고 싶어도 특이한 행동으로 보일까 걱정이었다.

코로나 시국을 겪으면서 한국도 몰려다니는 문화가 많이 없어지고 변해가고 있다고는 들었지만 한국에서 회사에 다닐 때만 해도 혼자서 책을 읽으며 점심을 먹고 도시락을 싸서 다니는 일은 상상도 할 수 없었다.

그러나 일본은 달랐다. 혼자만의 시간이 중요한 그들은 점심도 혼자 먹으면서 나만의 시간을 보내는 사람이 많았다. 처음에는 이런 일본 사람들의 특징을 보고 너무 외롭지 않나 생각했다.

입사 첫날만 같은 부서 동료들과 밥을 먹고 두 번째 날부터는 혼자였다. 일주일 정도는 '누군가 챙겨주겠지'라는 막연한 마음이 있었는데 그런 것은 없었다. 아무도 말을 걸어주지 않았다. 알아서 챙겨 먹어야 했고 이 점이 처음에는 외로웠다.

그 이후로는 도시락을 싸서 다니면서 회사 카페테리아에서 시간을 보냈고 혼자 먹고 있는 사람들에게 말을 걸기 시작하면서 동료들과 서서히 친해지기 시작했다. 동기들과 약속을 잡아서 함께 외부에서 점심을 먹는 날도 생겼다. 내 회사 일정표에는 점심 약속이 점점 늘어나기 시작했다.

먼저 다가가지 않으면 다가오지 않는 일본인이 많았다. 먼저 자기 이야기를 하지 않는 사람도 많다. 다행히도 나는 먼저 말을 거는 것에 거리낌이 없었기에 먼저 말도 걸고 적극적으로 다가가니 회사에서 좋은 의미로 눈에 띄는 사원이 되었고 모두와 친해져 갔다. 아이를 키우며 일하는 엄마들의 점심 모임에도 초대받기 시작했고 일할 때 접점이 별로 없는 다른 부서의 동료들과도 두루두루 친해졌다.

신기한 일본 회사, 일본 사람들 - 우롱차 주세요

한국 회사에서는 회식 자리에서 마시기 싫은 소주를 억지로 먹이곤 했다. 술에 약한 편이고 즐겨 마시는 편이 아니라 술자리는 늘 곤욕이었다. 무엇보다 술이 맛있는지를 모르겠다. 고객사 사람들과의 회식 자리에서는 먹어야 하는 술이 내 허용 범위를 늘 넘어서서 선배가 대신 몰래 마셔주기도 했다.

술을 마시면 속도 좋지 않고 다음 날 숙취가 오래갔기에 회식 자리를 정말 싫어했었다. 업무의 연장이라지만 술이 왜 일과 그리 깊은 관계가 있는지 지금도 이해를 못 하겠다. 낮에 카페에서 커피 마시면서 일 이야기를 해도 된다고 생각한다.

일본에서 직장을 구할 때도 일부러 고객사 사람들과 직접 대면해서 술자리에 가지 않아도 되는 직무를 택했다. 가끔 고객과 전화 통화를 할 때는 있지만 술을 마시면서 하는 대화가 아니기에 마음이 편하다. 일본에서는 한국에서와 같은 술자리 경험을 단 한 번도 하지 않았다. 술자리도 적고 술자리, 회식 자리에 가기 싫으면 "私用のため欠席させていただきます。(개인적인 사정으로 빠지겠습니다)"라는 한마디면 되었다. 강요

도 없고 구체적인 불참 이유를 아무도 물어보지 않아서 편하다.

친하게 지낸 동료의 퇴사로 인한 송별회나 친한 동료들과의 저녁 약속은 몇 번 일정이 맞아서 참여했는데 그런 술자리에서도 "우롱차 주세요"라는 말로 당당하게 주문할 수 있다. 술을 주문하지 않아도 그 누구도 이상하게 생각하지 않고 그것에 대해 따로 언급하거나 말을 하지 않는다. 눈치를 보지 않아도 되고 내가 마시고 싶은 것을 마시고 먹고 싶은 것을 먹으면서 즐길 수 있는 일본 회식 문화가 너무 편하고 좋다.

지금 다니는 회사에는 채식주의인 사원이 있는데 그 사람에게 맞춰서 회식 자리를 만들거나 함께 점심을 먹는다. 갈 수 있는 식당은 줄어들지만 이상하다는 시선으로 보지 않고 있는 그대로 받아들인다. 일본 회사에 다니면서 가장 만족하는 부분이다.

신기한 일본 회사, 일본 사람들 – 적당한 거리두기가 좋아요

요즘 한국도 많이 변했다고는 들었지만 한국에서 회사에 다닐 때만 해도 좋은 말로는 '정', 다른 말로는 '오지랖'이 스트레스였다. 개인적인 지나친 관심은 싫었다. 왜 내가 어디서 무엇을 하는지 동료들에게 구체적으로 말해야 하는지 늘 의문이었다. 회사 휴가를 쓰고 누구를 만나는지, 어디를 가는지, 회사 일이 끝나고 누구를 만나고 노는지, 무엇을 하는지 동료들에게 구체적으로 이야기해야 한다는 것이 너무 싫었다.

일본 회사에서는 휴가 사유를 쓸 때도 "私用のため(개인적인 일을 위해서)"라는 한마디면 된다. 그 누구도 내가 먼저 말하기 전까지 휴가를 쓰고 어디를 가는지 무엇을 하는지 물어보지 않는다. 물론 친한 동료들과는 사적인 이야기도 나누지만 대부분 세세하게 물어보지 않는다. 누군가 새로 입사하면 그 사람의 신상이 궁금할 수도 있다. 하지만 일본에서는 보통 연인이 있는지, 아이가 있는지, 결혼했는지, 어느 학교를 나왔는지 등 개인 정보를 물어보는 것을 실례라고 생각해서 묻지 않는다.

일본은 다른 사람의 삶에 개입하지 않으려는 문화가 있다. 이런 점은 한국인 관점에서 보면 정 없고 차갑다고 느껴질 수 있다. 이런 분위기를 못 견디는 사람들은 외로움과 향수병에 결국 영구 귀국의 길을 택한다. 나도 주변에서 심심치 않게 보았다.

회사에 입사하고 초반에는 아무도 말을 걸어주지 않고 나에게 별다른 관심을 두지 않는 그들이 이상하고 차갑다고 생각했다. 일본 생활에 익숙해진 지금은 이런 적당한 거리두기와 무관심이 도리어 편하고 좋다.

신기한 일본 회사, 일본 사람들 - 오미야게(선물) 문화

어느 날 출근했는데 책상 위에 과자가 놓여있었다. 오키나와의 유명한 과자였다. 옆에 앉은 동료에게 물어보니 같은 부서 A 상의 선물이었다. 유급 휴가를 사용해서 어딘가 여행을 다녀오면 휴가를 사용하는 동안 민폐를 끼쳐서 죄송하다는 의미로 선물을 사 오는 것이라고 한다.

유급 휴가를 사용해서 자주 한국을 다녀왔기에 동료들 선물까지 챙겨야 한다는 부담이 있었다. 휴가를 쓰고 어디를 가는지 묻지 않기에 굳이 말하지 않으면 한국에 다녀온 줄도 모르겠지만, 모두 어딘가 다녀오면 과자 선물을 사 왔기에 나도 자연스럽게 동료에게 선물을 돌리게 되었다.

퇴사할 때도 그동안 신세를 많이 졌다고 과자를 돌리고 탕비실에도 과자를 두고 간다. 나도 일본에서 다닌 첫 회사를 그만둘 때 이 퇴사용 과자 구매로 꽤 많은 돈을 사용했다.

그나마 코로나 시국 때 재택근무가 계속되고 있는 상황에서의 퇴사여서 출근하는 동료가 적었기에 조금 산 편이었지만 그럼에도 비용이 6만 원 정도 들었다. 정해진 건 없지만 보통 10만 원 정도 비용을 들이는 것 같다. 그래도 이런 지역 특산물을 돌리는 문화 덕분에 동료들과 말 한마디라도 더 하고 여행 이야기도 하게 되고 퇴사하면서도 좋은 인상을 남기는 것 같아서 그렇게 불편한 문화라는 생각은 들지 않는다.

신기한 일본 회사, 일본 사람들 - 즐거운 동호회 활동

일본에서 다닌 첫 회사에서는 동호회 활동을 지원해주었다. 한국에서도 동호회 활동을 해본 적은 없었다. 일본 애니메이션에 나오는 '부카츠(부 활동, 동아리)'에 대한 동경이 있었기에 회사에서의 동호회 활동이 너무 좋았다. 애니메이션에 나오는 것처럼 회사에도 농구, 풋살, 테니스, 배드민턴, 배구, 러닝 등 운동을 목적으로 한 동호회가 많았다. 운동뿐 아니라 게임 만들기, 앱 만들기, 영어 공부, 보드게임, 장기 등 다양한 동호회가 있어서 선택할 때 꽤 고심했다. 1년에 한 번 신청하는 기간이 있고 한 사람당 3개의 부 활동에 참여할 수 있었다. 농구, 세계 요리 연구회, 볼링 동호회에 참가했다.

동료 대부분은 어렸을 때 부 활동을 한 경험이 있었고 부 활동 이야기가 대화에 자주 등장했다. 회사에서의 동호회 활동은 즐거웠다. 입사했을 때부터 시작한 농구 동호회 활동을 제일 열심히 꾸준히 했다. 농구를 잘하지 못하고 초보여도 누구 하나 혼내는 사람 없고 못 하는 사람에 맞춰주었다.

가끔은 농구 활동이 끝나고 이자카야에 가서 가볍게 맥주 한 잔씩을 하고 (나는 우롱차를 마셨지만) 이야기도 나누었는데 그 시간이 소중하고 좋았다. 코로나가 유행하고 동호회 활동이 금지되어 너무 아쉬웠다. 언젠가 동호회가 부활하면 불러 달라고 이야기했으니 꾸준히 동호회 활동을 할 수 있는 환경이 다시 찾아오면 좋겠다.

코로나가 바꾼 일상

2020년 누구도 상상 못 했던 강력한 바이러스가 전 세계를 덮었다. 처음에는 코로나가 무섭다는 생각을 안 했고 금방 이 사태가 끝날 것으로 생각했다. 한번은 회사 일이 끝나고 마스크를 사러 드럭스토어에 들렀는데 마스크 재고가 없었다. 평소라면 당연하게 살 수 있었던 마스크를 구할 수 없었다.

일본에서도 첫 코로나 확진자가 나왔고 모두 걱정하기 시작했다. 확진자는 점점 늘어나기 시작했고 두려움에 떨며 출퇴근을 반복했다. 휴지가 동난다는 소문이 돌기 시작하더니 동네 마트에서 휴지가 사라지기도 했다. 결국 잘못된 소문이라고 뉴스에 나왔지만 실제로 한동안은 휴지, 생리대, 기저귀 같은 생필품을 예전만큼 쉽게 구할 수 없기도 했다.

태풍이 오거나 하면 슈퍼마켓이나 편의점 음식이 사라지던 것은 많이 봤지만 이렇게 많은 물건이 한꺼번에 사라지는 경험은 처음이었다. 동일본 대지진 때 물류가 제대로 작동하지 않아 고생한 경험 때문에 그 이후에 사재기가 더 많아졌다고 한다.

확진자는 계속해서 늘어났고 급기야 일본 정부는 '긴급사태선언'을 했다. 이미 코로나 때문에 재택근무를 시작한 회사들은 많았지만 내가 다니던 회사는 그 당시에는 재택근무를 허용하지 않았고 출퇴근했다. 혹시 모를 사태에 대비해 개발자가 있는 부서에서 재택근무에 대비해 이것저것 준비를 하고 있었다. 그렇게 준비만 하고 실행하지 않아서 사원들의 불만이 쌓여가던 중에 긴급사태선언 발표로 하루 만에 재택근무 준비에 들어갔다. 당장 다음날부터 재택근무를 해야 하니 짐을 싸서 컴퓨터를 집으로 보내라는 지시가 떨어졌다.

노트북이었으면 쉬웠겠지만 관리직이 아니면 노트북 지급이 없었고 데스크톱 컴퓨터와 모니터를 가지고 일했었다. 하루아침에 일어난 일에 모두 당황했지만, 코로나가 두려웠기에 재빠르게 재택근무 준비를 해서 퇴근했다. 이때만 해도 그렇게 오랜 기간 재택근무가 지속될 줄 몰랐다. 긴급사태 선언과 함께 시작된 재택근무는 기쁨 반, 두려움 반이었다.

집에 책상과 의자도 없었기에 작은 테이블에 대충 컴퓨터를 설치해서 일했다. 회사도 새로운 규칙을 만들고 업무에 지장이 없도록 이것저것 시도했다. 언제 다시 출퇴근할 수 있을지 모르는 상황이라 책상을 사지 않고 일하다가 무릎이 아파서 결국 책상과 의자를 샀다. 모두 갑자기 재택근무를 하게 되니 물건이 부족해서 책상도 의자도 바로 배달오지 않았고 오랜 시간 기다려야 했다.

회사에서는 업무 편의성을 위해 데스크톱 컴퓨터를 노트북으로 바꾸기 위해 최선을 다했지만 코로나로 쉽게 물량을 확보할 수 없어서 1년이 지나고 나서야 받을 수 있었다. 더군다나 근무하던 회사는 코로나에 타격을 입는 상품을 다루었기에 매출이 급격히 하락했다. 적자가 나기 시작했고 회사는 고심 끝에 '휴업'이라는 카드를 내밀었다.

휴업이라고 해서 긴 기간 일을 전혀 안 하는 방식이 아니라

월요일 - 근무

화요일 - 근무 안 함 (휴업)

수요일 - 근무 안 함 (휴업)

목요일 - 근무

이런 방식이었다. 하루아침에 위와 같은 '휴업 시프트'가 시작되었다. 코로나라 집 밖에 나가 놀 수도 없었고 재택 대기 명령이어서 근무가 아닌 날도 근무 시간에 집에 있어야 했다. 물론 이런 부분은 회사마다 지침이 다 달랐다.

우울해졌고 무료했다. 일을 하지 않으니 시간도 잘 가지 않았다. 이러다 회사에서 퇴직 권고를 받는 것은 아닌가, 월급이 삭감되는 것은 아닌가 하는 불안함이 커졌다.

코로나 시국이라 이직도 쉬워 보이지 않았고 그저 미래가 불안하고 무서웠다. 자국민을 우선할 것이기에 외국인인 나를 받아줄 곳은 더 없어 보였다. 더군다나 코로나가 터지기 직전에 한국에서 일본산 불매(NO JAPAN) 운동이 일어나서 한국인을 뽑는 곳이 더 줄어들었다. 다시 이직 활동을 해야 하

는 상황이 오지 않기를 간절히 바랐다. 다행히 회사에서는 생계 보호를 위해 일정 금액 이하의 사원은 월급 삭감을 하지 않는다고 발표했고 나는 월급 삭감 대상이 되지는 않았지만, 월급이 삭감되는 직원들도 적지 않게 있었다.

아무렇지 않게 평화롭게 흘러가던 일상에 많은 변화가 생겼다. 일본 정부가 긴급사태 선언을 할 때마다 휴업하는 날이 늘어났고 휴업과 업무를 반복하는 상황이 불안했다. 무엇보다 회사가 적자인 상황을 볼 때마다 마음은 무거워졌다.

일본에서의 이직

끊임없이 직무에 관한 고민, 진로에 대해 고민했고 코로나로 월급이 2년간 동결되면서 이직을 결심했다. 일본에서 다닌 첫 회사는 하나의 직무만 집중해서 일할 수 없었고 다양한 일을 해야 했다. 처음 입사했을 때의 직무가 일하면서 바뀌었는데 조금 더 IT 기술을 사용할 수 있는 일이어서 불만은 없었다. 회사에서의 다양한 경험은 이직 시장에서 큰 강점이고 도쿄에 IT 회사는 정말 많기에 마음만 먹으면 금방 이직이 될 것으로 생각했다. 하지만 현실은 그리 만만하지 않았다.

처음에는 원하던 직무의 인력을 뽑는 회사에 몇 번 가볍게 지원했는데 불합격 메일을 받았다. 서류 합격률은 경력이 있기에 높았는데 자신 있었던 면접에서 좌절을 맛보았다. 이직을 도와주는 리크루트 담당자와 함께 분석도 해보고 자기 분석을 해보니 문제점이 보였다. 회사에서 하나의 일에 집중하지 않고 이것저것 했다는 것이 문제였다. 마케팅이면 마케팅, 기획이면 기획, 설계면 설계 하나만 집중해서 경력을 쌓는 것이 회사에서 좋아하는 매력 있는 구직자의 스펙이었다.

미처 깨닫지 못하다가 이직 활동을 하면서 이 문제점을 늦게나마 파악했고 원하는 직무를 3개로 추려서 그것에 맞춰서 입사 지원 서류를 넣었다. 잡다하게 많은 일을 했기에 연봉을 많이 올려 이직할 수는 없었지만 지금이라도 늦지 않았으니 이직해서 하나의 직무에 집중해서 경력을 쌓아야겠다고 결심했다.

코로나 시국이기에 대부분 회사에서 온라인으로 면접을 진행했다. 출근하지 않고 재택근무 시간을 이용해서 면접을 볼수 있어서 편했고 더 많은 기업과 면접을 보고 면담할 수 있었다. 유급 휴가를 사용하지 않아도 된다는 점이 가장 좋았다. 근무를 시작하기 전 오전 시간, 점심시간, 근무를 끝낸 후 저녁 시간을 활용할 수 있었다. 인터넷에 나오는 것처럼 상의

만 면접용 정장으로 갖춰 입고 밑에는 편한 옷을 입고 면접에 임할 수 있었다.

집이니 교통비도 들지 않고 면접이 끝나면 질문받았던 내용을 바로 정리할 수 있어서 좋았다. 단점이라면 회사를 가보지 않은 채 이직을 결정해야 했다. 이런 단점에도 불구하고 온라인 면접은 앞서 언급했듯 여러모로 편하고 좋았다.

진로에 대한 고민과 다른 문제로 이직 활동에 집중할 수 없던 시기도 있었다. 코로나 상황이 심해져서 이래저래 취업 활동을 흐지부지하게 했던 기간도 있었다. 결국, 처음 이직을 결심하고 여러 회사에 지원하고 최종으로 원하는 기업의 직무에 내정을 받기까지는 1년이라는 긴 시간이 걸렸다. 길고 긴 싸움이었다. 가장 치열하게 준비한 시간은 초반 2개월, 마지막 2개월 정도였다. 마지막에 각기 다른 직무로 두 곳의 회사에서 내정을 받았고 어떤 직무를 선택할지 고민하다가 가장 하고 싶었고 도전이 되는 엔지니어 직무를 택하며 이직 활동을 마무리 지었다.

도쿄에서 코로나와 함께 살아가기

이직할 때도 재택근무가 많은 회사 위주로 골랐고 혼합 형태(재택 + 출근이 섞여 있는 근무 형식)인 지금 회사를 선택했다. 혼합형이기는 하지만 쭉 재택근무를 하고 있고 코로나 감염자가 줄어들면 일주일에 한 번 출근하는 식으로 근무하기로 했다.

재택근무만 벌써 3년째다 보니 출근해서 일할 때보다 집에서 일할 때 더 집중이 잘 된다. 재택근무로 시간 여유가 많이 생겼다. 플렉스 근무라는 형태로 일하고 있기에 코어타임만 지키며 일하면 된다. 휴가를 쓰지 않고도 병원에 가거나 은행에 갈 수 있어서 만족하고 있다. 정해진 시간에 일하는 것보다 내 계획에 맞춰서 원하는 시간에 일할 수 있는 지금이 행복하다. 물론 상사와 의견 차이가 있거나, 업무 때문에 스트레스받는 일은 당연히 있지만 이 정도면 만족스러운 수준이다.

이전에 다니던 회사는 일본 사람들이 대부분이었는데 앞서 언급했듯 지금 회사는 여러 나라 출신의 동료들이 많다. 전 회사에서는 일본이라는 그릇 안에서 고군분투했는데, 이직한 곳은 더 큰 전 세계라는 그릇에서 고군분투해야 하는 느낌이다. 그래도 일본과 한국밖에 모르던 내가 세계 각국 출신 동료들과 함께 일하면서 시야와 내 안의 세상이 넓어진 느낌이다. 이직하면서 한층 더 성장했음을 느꼈고 앞으로도 성장할 내가 보인다.

문화 차이로 답답할 때도 있지만 이직하지 않았다면 평생 몰랐을 수도 있는 그들의 문화를 알고 배우는 과정이 흥미롭고 재미있다. 다양한 나라의 공휴일, 음식, 문화에 대해서도 알아가고 있다. 아직 영어 실력이 미흡해서 영어 소통에 스트레스받고 어려움도 있다. 코로나로 동료들과 직접 얼굴을 마주할 기회는 적지만, 온라인 회식을 하고 온라인으로 모여서 게임을 하는 등 새로운 방식으로 친해지고 있다. 일본에 거주하고 있지 않은 동료도 있어서 시차가 있기도 하지만 이런 독특한 근무 형태도 재미있다.

처음 일본에 올 때만 해도 6개월도 못 살 것 같았는데 지금은 6년이라는 시간을 도쿄에서 보내고 있다. 앞으로도 도쿄에서 경력을 쌓아 나갈 생각이다. 5년 후에는 어느 지역 어떤 회사에 있을지 모르지만, 지금보다 더 멋지게 살고 있을 것이라 믿는다. 한국에서는 내 스펙이라면 절대 입사가 불가능했을 IT 업계에 취업할 수 있었던 것도 일본에서의 취업이었기에 가능했다고 생각한다.

회사와 업계와 직무에 따라서 다르겠지만 일본은 현재 스펙보다는 향후의 가능성을 보고 뽑아주는 '포텐셜 채용'이 있기에 입사 가능성이 더 크다고 생각한다. 한국에는 이런 채용이 아직 없는듯하다.

일본어는 기본으로 가능해야 하고 정말 이 일을 하고 싶다는 의욕(やる気)만 있으면 전공이 일치하지 않아도 IT 기업에 입사할 수 있다고 생각한다. (물론 취업 비자를 받으려면 전공과 직무가 일치해야 한다) 문과 출신인 내가 일본에서 IT 기업에 취업했고 지금은 외국계 IT 기업에서 엔지니어로 일할 수 있을 것이라고는 정말 단 한 번도 상상해본 적이 없다. 인생 무슨 일이 생길지 모른다지만, 내 인생도 생각보다 다이나믹한 것 같다.

경력을 잘 쌓아서 연봉을 올려 또다시 이직하겠다는 목표를 가지고 있다. 자존감이 바닥까지 떨어졌던 한국에서의 회사 생활은 아직도 트라우마가 되어 가슴 한구석에 상처로 남아있지만 일본에 살면서 하루하루 조금씩 더 단단해지고 강해지고 있다.

순두부 같은 성격이었는데 해외 생활로 점점 딱딱한 두부가 되어가고 있다. 회사에서 평가받기 위한 것도 있지만 내 인생을 위해서 계속해서 엔지니어 기술을 향상시키고 관련 직무 자격증도 따고 영어 실력도 향상해서 토익 점수도 높일 것이다. 갈 길이 멀지만 목표가 있다는 것이 삶을 더 윤택하게 만든다.

회사 생활은 항상 좋은 일만 있는 것도 아니고 좌절도 있고 눈물도 있고 힘든 일도 많다. 동료들은 좋은 사람들이 대부분이지만 일하다 인간관계로 스트레스를 받는 일도 많다. 그렇지만 앞으로 더 좋아질 것이라는 기대로 오늘 하루를 또 힘차게 살아간다.

일본 취업을 하고 싶지만 망설이고 있다면 인생에서 한 번쯤 해외에서 일해 보기를 강력히 추천하고 싶다. 정말 간절히 원한다면 합격할 수 있을 것이고 안 해 보고 나중에 후회하는 것 보다 도전해보고 경험해보는 것이 중요하다고 생각한다. 해외 생활이기에 모국에서 일하는 것보다 더 힘든 일은 당연히 있을 수 있다. 그런 경험도 자신을 성장시켜줄 원동력이 된다고 생각한다.

걷는 길이 항상 꽃길만은 아니고 울퉁불퉁한 자갈길, 진흙길이 펼쳐질 수도 있다. 묵묵히 꾸준히 걷다 보면 인젠기 무지개가 떠 있고 아름다운 꽃이 만발한 곳에 다다를 수 있을 것이다. 그렇게 되기를 바라며 오늘도 내일도 일본에서 일한다. 나만의 이야기를 만들며, 그렇게 열심히 살아갈 것이다.

도쿄 추천 여행지

_____

순두부

아름다운 바다 위 휴게소 '도쿄만 우미호타루'

운전면허는 한국에서 땄지만 운전할 기회가 없었고 자동으로 장롱면허가 되었다. 코로나를 겪으면서 사람들과 거리를 두게 되었고 운전에 관심을 가지기 시작했다. 종종 친한 동료들과 차를 빌려서 도쿄 근교 드라이브를 했다. 기분 전환이 되고 좋았지만 운전할 수 있는 사람에게 매번 부탁하게 되는 상황이 미안했다. 스스로 운전해서 더 많은 곳을 다녀보고 싶어져서 장롱 면허에서 탈출해야겠다고 결심했다. 일본 운전 면허를 발급받고 운전 연수를 받은 후에 드디어 운전을 할 수 있게 되었다.

친구들과 드라이브를 떠날 때는 지바에 자주 갔다. 지바는 도쿄 옆에 있어서 가볍게 당일치기로 드라이브하고 오기 좋은 곳이다. 아울렛도 몇 군데 있어서 쇼핑하기도 좋고 바다와 가까워서 바다를 구경하며 카이센동(해산물 덮밥)이나 초밥을 먹는 즐거움도 있다.

도쿄와 지바를 잇는 '아쿠아 라인'이라는 고속도로가 있다. 아쿠아라인은 도쿄만을 가로지르며 가나가와현 가와사키시와 지바현 키사라즈시를 잇는데 가와사키 쪽에는 아쿠아 터널이라는 해저터널, 키사라즈 쪽에는 아쿠아 브릿지라는 교량으로 도쿄만을 횡단하고 있다. 지도를 보면 바다 위에 도로가 있고 도쿄에서 출발할 때는 바다 밑을 달리고 휴게소를 기점으로 지상으로 나온다. 아쿠아라인이 없을 때는 지바에 갈 때 차도 많이 막혔고 돌아가야 하기에 시간도 많이 걸렸다고 한다.

나는 지바까지 가지 않고 아쿠아라인에 있는 우미호타루 휴게소(이하 우미호타루)에 운전해서 다녀오는 것을 좋아한다. 장거리 운전도 아니고 도쿄에서 편도 한 시간 정도면 다녀올 수 있어서 이것만으로도 충분히 기분 전환이 된다.

처음 혼자서 운전해서 가본 곳도 우미호타루다. 우미호타루에는 기념품도 많이 팔고 있고 스타벅스도 있으며 푸드 코트도 있고 레스토랑도 있다. 일본의 기념품 가게를 둘러보는 것을 평소에도 좋아한다. 그리고 여기서 파는 땅콩 과자도 꼭 산다. 지바가 땅콩 생산지로 유명해서 땅콩 관련 제품을 많이 판매하고 있다. 애완동물도 입상 가능한 휴게소어서 반려견과 함께 우미호타루를 방문하는 모습도 많이 볼 수 있다.

우미호타루에서 유명한 음식은 바지락이 가득 들어있는 우동과 소바다. 바닷바람에 몸이 차가워지면 따듯한 바지락 우동을 시켜 먹는다. 초밥 가게, 양식 레스토랑도 있는 등 다양한 먹거리를 판매하고 있어 골라 먹는 재미도 있다.

고속도로와 바다가 함께 보이는 풍경이 정말 예뻐서 바라보는 것만으로도 스트레스가 풀린다. 360도로 펼쳐지는 바다 위 풍경을 볼 수 있고 날씨가 좋으면 후지산도 보인다. 하네다 공항과 가까워서 비행기가 지나다니는 모습도 볼 수 있는 등 눈을 즐겁게 해주는 요소가 많다.

평일에도 재택근무를 끝내고 3시간 정도 차를 빌려서 우미호타루에 다녀오면 기분이 좋아진다. 운전도 스트레스를 풀어주고 밤바다를 보며 쉬는 것도 스트레스 해소에 최고다. 운전을 못 해도 버스를 타고도 갈 수 있으니 한 번쯤 가보는 것을 추천한다. 관광객이 많이 가는 유명 관광지는 아니지만 현지인에게는 인기 있는 장소다.

한국인의 오아시스 '신오쿠보'

신오쿠보는 일본에 사는 한국인의 오아시스 같은 장소다. 한인 타운으로 잘 알려져 있고 한국에 관련된 모든 것이 있다고 해도 과언이 아니다. 최신 한국 프랜차이즈도 빠르게 들어온다. 대형 한국 슈퍼도 있는데 나도 여기서 한국 식자재를 구입한다. 새로운 과자나 라면이 한국에서 유명해지고 시간이 조금만 지나면 신오쿠보의 한국 슈퍼에도 빠르게 들어온다. 가격은 확실히 비싼 편이지만 감안하고 먹고 싶은 것들을 구입한다.

신주쿠에서 약속이 있으면 신주쿠에서 놀다가 신오쿠보까지 걸어가서 장을 보고 집으로 갈 때도 많다. 한국을 좋아하는 지인, 친구들이 주변에 많아서 신오쿠보에서 맛있는 한국 요리를 먹으며 향수를 달래기도 한다. 신오쿠보가 없었으면 일본살이가 힘들었을 것이다. 한국 식자재를 가까운 곳에서 구할 수 있고 맛있는 한국 요리를 즐길 수 있는 장소가 도쿄에 있다는 것은 정말 행복한 일이다.

한국에서도 이렇게 한국 요리를 찾고 좋아하지 않았는데, 일본 생활을 하면서 한국 요리를 더 많이 찾게 되었다. 최근에 한류 열풍이 다시 시작되었고 한국을 좋아하는 사람들이 더 늘어났다. 그 덕분에 신오쿠보에는 더 많은 한국 가게가 생겼고 도쿄에 거주하는 한국인으로서 이 현상이 떨 듯이 기쁘다. 심지어 최근에는 '칸비니'라는 한국 음식만 파는 편의점도 여기저기 생기고 있다. 이 한류 열풍이 식지 않고 계속되기를 바라고 있다.

신오쿠보에서 가장 인기가 많은 음식은 역시 삼겹살이다.

일본인 친구들에게 어떤 한국 음식을 먹고 싶냐고 물어보면 대부분 삼겹살이나 갈비 같은 한국식 고기를 먹고 싶다는 대답이 돌아온다.

그다음은 드라마의 영향으로 치킨이 인기다. 유명한 한국 프랜차이즈 치킨 가게도 즐비해서 골라 먹는 재미가 있다. 워낙 신오쿠보의 인기가 많아서 주말에는 발 디딜 틈 없이 사람이 많다. 인테리어가 예쁜 카페도 많이 생겼고 한국식 디저트도 팔고 있으며 심지어 너무 맛있다.

일하다가 스트레스가 많이 쌓이면 주말에 신오쿠보에 가서 맛있는 한국 음식을 먹으면서 스트레스를 풀어 준다. 워낙 다양한 한국 음식들을 팔고 있어서 먹고 싶다고 생각하는 요리들은 대부분 먹을 수 있다. 도쿄 여행을 하다가 한국 음식이 그리워지면 신오쿠보를 방문해서 매운 요리 먹고 속을 풀어 주는 것도 좋다.

신오쿠보에는 한국인이 운영하는 게스트하우스와 호텔도 많이 있어서 여행할 때 신오쿠보에 숙소를 잡는 것도 해외여행에 익숙하지 않은 사람들에게는 안심감을 줄 수 있다. 신오쿠보는 JR 야마노테센으로 한국으로 치면 2호선처럼 도쿄 중심지를 한 바퀴 돈다. 유명한 관광지인 시부야, 하라주쿠, 아키하바라, 이케부쿠로 등도 신오쿠보에서 전철을 한 번만 타면 갈 수 있다.

신오쿠보가 없었으면 일본 사람들이 만드는 달달하게 매운 어색한 한국 요리로 아쉽게 스트레스를 풀었을지도 모른다. 신오쿠보 덕분에 좋아하는 한국 요리도 맛볼 수 있고 식자재도 구할 수 있어서 삶의 질이 한층 더 좋아졌다. 무엇보다 한국이 그리울 때 갈 수 있는 장소여서 좋다.

본격 일본 직장인 라이프 에세이

일본에서 일하면 어때?

초판 1쇄 인쇄   2023년 1월 11일

초판 1쇄 발행   2023년 1월 20일

지 은 이   모모 고나현 스하루 허니비 순두부

펴 낸 이   최수진

펴 낸 곳   세나북스

출 판 등 록   2015년 2월 10일 제300-2015-10호

주   소   서울시 종로구 통일로 18길 9

홈 페 이 지   http://blog.naver.com/banny74

이 메 일   banny74@naver.com

전 화 번 호   02-737-6290

팩   스   02-6442-5438

I S B N   979-11-979164-4-1 03980